U0318859

人工智能

领导干部

读 本

任仲文
——编——

人民日报出版社

图书在版编目（CIP）数据

人工智能——领导干部读本 / 任仲文编.—北京：
人民日报出版社，2017.9

ISBN 978-7-5115-4897-9

Ⅰ.①人…　Ⅱ.①任…　Ⅲ.①人工智能–干部教育–
学习参考资料　Ⅳ.①TP18

中国版本图书馆CIP数据核字（2017）第205109号

书　　名：人工智能——领导干部读本
作　　者：任仲文

出 版 人：董　伟
选题策划：鞠天相
责任编辑：蒋菊平　刘天骥
版式设计：九章文化

出版发行：人民日报 出版社
社　　址：北京金台西路2号
邮政编码：100733
发行热线：（010）65369527　65369512　65369509
邮购热线：（010）65369530　65363527
编辑热线：（010）65369528
网　　址：www.peopledailypress.com
经　　销：新华书店
印　　刷：涞水建良印刷有限公司

开　　本：710mm×1000mm　1/16
字　　数：172千字
印　　张：14.5
印　　次：2017年9月第1版　2019年7月第7次印刷

书　　号：ISBN 978-7-5115-4897-9
定　　价：28.00元

目 录
CONTENTS

001 | 一、人工智能发展进入新阶段

经过60多年的演进，特别是在移动互联网、大数据、超级计算、传感网、脑科学等新理论新技术以及经济社会发展强烈需求的共同驱动下，人工智能加速发展，呈现出深度学习、跨界融合、人机协同、群智开放、自主操控等新特征。

——《新一代人工智能发展规划》

047 | 二、人工智能影响下的社会变革

作为新一轮科技革命和产业变革的核心驱动力，新一代人工智能也将改变世界，推动经济社会各领域从数字化、网络化向智能化加速跃升。

——中国工程院院士 李伯虎

097 | 三、中国人工智能的战略方位

做大做强新兴产业集群，实施大数据发展行动，加强新一代人工智能研发应用，在医疗、养老、教育、文化、体育等多领域推进"互联网+"。发展智能产业，拓展智能生活。

——政府工作报告（2018年）

121 | 四、中国人工智能的未来发展

推动互联网、大数据、人工智能和实体经济深度融合。

————十九大报告

149 | 五、人工智能发展的不确定性带来新挑战

　　人工智能是影响面广的颠覆性技术，可能带来改变就业结构、冲击法律与社会伦理、侵犯个人隐私、挑战国际关系准则等问题，将对政府管理、经济安全和社会稳定乃至全球治理产生深远影响。在大力发展人工智能的同时，必须高度重视可能带来的安全风险挑战，加强前瞻预防与约束引导，最大限度降低风险，确保人工智能安全、可靠、可控发展。

————《新一代人工智能发展规划》

构筑人工智能先发优势
把握新一轮科技革命战略主动

——来自科技部部长的解读

人工智能作为新一轮科技革命和产业变革的核心驱动力，将深刻改变人类社会生活，改变世界。当前，我国科技创新处于"三跑并存"新阶段，经济发展处于新旧动能转换关键期，刚刚发布实施的《新一代人工智能发展规划》从国家层面对人工智能进行系统布局，对于我国抢占科技制高点，推动供给侧结构性改革，实现社会生产力新跃升，提高综合国力和国际竞争力具有重要意义。

新形势下，面对人工智能带来的重大机遇，我们该如何主动作为、抢占先机呢？面对人工智能不确定性可能带来的挑战，又应该如何有效应对呢？2017年7月21日，科技部党组书记、副部长王志刚就这些热点问题，接受了新华社记者的专访。

主动求变应变　抢抓人工智能发展机遇

新华社记者：本次规划将新一代人工智能放在国家战略层面进行部署，那么什么是新一代人工智能，它对于我国经济社会发展有何重要意义？

王志刚：自1956年8月几位科学家在美国提出人工智能概念以来，

经过 60 多年的演进，特别是在移动互联网、大数据、超级计算、传感网、脑科学等新理论新技术以及经济社会强烈需求的共同驱动下，人工智能加速发展，呈现出深度学习、跨界融合、人机协同、群智开放、自主操控的新特征。大数据驱动知识学习、跨媒体协同处理、人机协同增强智能、群体集成智能、自主智能系统成为人工智能的发展重点，受脑科学成果启发的类脑智能蓄势待发，芯片化硬件化平台化趋势更加明显，人工智能发展进入新阶段。科技界称之为"新一代人工智能"。当前，新一代人工智能相关学科发展、理论建模、技术创新、软硬件升级等整体推进，正在引发链式突破，推动经济社会各领域从数字化、网络化向智能化加速跃升。

新一代人工智能作为新一轮科技革命和产业变革的核心力量，将重构生产、分配、交换、消费等经济活动各环节，形成从宏观到微观各领域的智能化新需求，催生新技术、新产品、新产业，引发经济结构重大变革，推动产业转型升级，实现生产力的新跃升。同时，新一代人工智能也将带来社会建设的新机遇，人工智能在教育、医疗、养老、环境保护、城市运行、司法服务等领域的广泛应用，将极大提高公共服务精准化水平，全面提升人民生活品质。

思深方益远，谋定而后动。人工智能作为引领未来的战略性技术，已经成为世界主要发达国家提升国家竞争力、维护国家安全的重要利器，各国纷纷加强谋划部署，力图在新一轮国际科技竞争中掌握主动权。本次规划中将新一代人工智能放在国家战略层面部署，体现了党中央、国务院对新一代人工智能发展的高度重视，是新时期我国主动求变应变，打造先发优势，塑造引领型发展的战略性举措，也是落实创新驱动发展战略、加快建设世界科技强国的重大部署。

我国具备发展新一代人工智能的良好基础

新华社记者：业界普遍认为，中国将在新一代人工智能发展上实现跨越赶超，那么我国发展新一代人工智能有什么样的基础和优势？与世界人工智能领先国家相比又有哪些主要差距呢？

王志刚：我国高度重视发展人工智能，国家从科技研发应用推广和产业发展等方面提出了一系列措施，科技计划长期支持人工智能相关技术的研发和应用示范。经过多年的持续积累，我国人工智能取得重要进展，国际科技论文发表量和专利授权量已居世界第二，部分领域核心技术实现重要突破。语音识别、视觉识别技术世界领先，自适应自主学习、直觉感知、综合推理、混合智能和群体智能等初步具备跨越发展的能力，中文信息处理、智能监控、生物特征识别、工业机器人、服务机器人、无人驾驶逐步进入实际应用。人工智能创新创业日益活跃，一批龙头骨干企业加速成长，在国际上获得广泛关注和认可。加速积累的技术能力与海量的数据资源、巨大的应用需求、开放的市场环境有机结合，形成了我国新一代人工智能发展的独特优势。

同时，我们也要清醒地看到，我国人工智能整体发展水平与世界领先国家相比仍存在差距，缺少重大原创成果，在基础理论、核心算法以及关键设备、高端芯片、重大产品与系统、基础材料、元器件、软件与接口方面差距较大；科研机构和企业尚未形成具有国际影响力的生态圈和产业链，缺乏系统性超前研发布局；人工智能尖端人才远不能满足需求；适应人工智能发展的基础设施、政策法规和标准体系亟待完善。

确立"三步走"目标 建成世界主要人工智能创新中心

新华社记者：近年来，许多国家都制定了人工智能的战略规划，提出了未来发展的目标和方向，那么我国发展新一代人工智能的主要目标是什么？

王志刚：新一代人工智能发展规划是面向 2030 年对我国人工智能发展进行的战略性部署，规划中确立了"三步走"目标：

第一步，到 2020 年，人工智能总体技术和应用与世界先进水平同步，人工智能产业进入国际第一方阵，成为我国新的重要经济增长点，人工智能技术应用成为改善民生的新途径，有力支撑进入创新型国家行列和全面建成小康社会的奋斗目标。

第二步，到 2025 年，人工智能基础理论实现重大突破、技术与应用部分达到世界领先水平，人工智能产业进入全球价值链高端，成为带动我国产业升级和经济转型的主要动力，智能社会建设取得积极进展。

第三步，到 2030 年，人工智能理论、技术与应用总体达到世界领先水平，我国成为世界主要人工智能创新中心，人工智能产业竞争力达到国际领先水平，智能经济、智能社会取得明显成效，为跻身创新型国家前列和经济强国奠定重要基础。

构建"四梁八柱" 统筹推进新一代人工智能发展布局

新华社记者：人工智能涉及科技、经济和社会发展的方方面面，加强系统布局非常关键，那么我国的新一代人工智能发展上是如何布局的？

王志刚：发展人工智能是一项事关全局的复杂系统工程，我们将按照"构建一个体系、把握双重属性、坚持三位一体、强化四大支撑"的思路进行布局，形成人工智能健康持续发展的战略路径。

构建一个体系就是要构建开放协同的人工智能科技创新体系。针对原创性理论基础薄弱、重大产品和系统缺失等重点难点问题，建立新一代人工智能基础理论和关键共性技术体系，布局建设重大科技创新基地，壮大人工智能高端人才队伍，促进创新主体协同互动，形成人工智能持续创新能力。

把握双重属性就是要把握人工智能技术属性和社会属性高度融合的特征。既要加强人工智能研发和应用力度，最大程度发挥人工智能潜力；又要预判人工智能的挑战，协调产业政策、创新政策与社会政策，实现激励发展与合理规制的协调，最大限度防范风险。

坚持三位一体就是要坚持人工智能研发攻关、产品应用和产业培育协同推进。适应人工智能发展特点和趋势，强化创新链和产业链深度融合、技术供给和市场需求互动演进，以技术突破推动领域应用和产业升级，以应用示范推动技术和系统优化。在当前大规模推动技术应用和产业发展的同时，加强面向中长期的研发布局和攻关，实现滚动发展和持续提升，确保理论上走在前面，技术上占领制高点，应用上安全可控。

强化四大支撑就是要全面支撑科技、经济、社会发展和国家安全。以人工智能技术突破带动国家创新能力全面提升，引领建设世界科技强国进程；通过壮大智能产业、培育智能经济，为我国未来十几年乃至几十年经济繁荣创造一个新的增长周期；以建设智能社会促进民生福祉改善，落实以人民为中心的发展思想；以人工智能提升国防实力，保障和维护国家安全。

加强前瞻应对　确保人工智能安全可靠可控

新华社记者：有不少科技界产业界知名人士，在支持人工智能发展的同时，也对人工智能发展可能带来的就业、伦理、安全等方面的挑战表示担忧，请问政府有哪些应对的措施？

王志刚：与其他任何新技术一样，人工智能技术也是一把"双刃剑"，在促进经济社会发展的同时，也可能带来改变就业结构、冲击法律与社会伦理、侵犯个人隐私、挑战国际关系准则等问题。在大力发展人工智能的同时，必须高度重视可能带来的安全风险挑战，加强前瞻预防与约束引导，最大限度降低风险，确保人工智能走上安全、可靠、可控的发展轨道。

一是加强法规政策研究。围绕人工智能发展可能遇到的法律法规问题进行超前研究，未来我们将重点针对自动驾驶、服务机器人等应用前景广阔的领域，加快研究制定安全管理条例，为新技术的快速应用奠定法律基础。

二是加强安全监管和评估。建立人工智能监管体系，促进人工智能行业和企业自律，切实加强对数据滥用、侵犯个人隐私、违背道德伦理等行为的管理，加强人工智能产品和系统评估。

三是完善教育培训和社会保障体系。建立适应智能经济和智能社会需要的终身学习和就业培训体系，大幅提升就业人员专业技能。完善适应人工智能的教育、医疗、保险、社会救助等政策体系，有效应对人工智能带来的社会问题。

强化落实落地　一张蓝图干到底

新华社记者：规划发布后，落实是关键，那么请问科技部在推动规划落实方面有何具体举措?

王志刚：一分部署九分落实。新一代人工智能发展规划是关系全局和长远的前瞻谋划，科技部将按照党中央国务院部署要求，瞄准目标，紧盯任务，以钉钉子精神切实抓好落实。近期我们重点推进以下几方面工作：

一是启动实施新一代人工智能重大科技项目。主要聚焦新一代人工智能基础理论和关键共性技术的研发攻关和应用示范。这一项目将纳入"科技创新2030—重大项目"组织实施，并与现有相关研发布局形成相互支撑的"1＋N"项目群。在组织方式上，将充分发挥企业主体作用，联合高校、科研机构，调动部门、地方和社会各方面力量共同推进。

二是要加强试点示范。在人工智能基础较好、潜力较大的地区，组织开展国家人工智能创新试验，探索体制机制、政策法规、人才培育等方面的重大改革，形成可复制、可推广的经验。

三是推动开源开放。支持龙头骨干企业构建开源硬件工厂、开源软件平台，促进产学研用各创新主体共创共享，形成聚集各类资源的创新生态。促进人工智能军民科技成果双向转化应用、军民创新资源共建共享。

四是加强政策研究与宣传引导。开展人工智能重大问题研究，强化政策储备。及时加强宣传，做好舆论引导，为人工智能发展创造良好环境。

（本文为新华社记者陈芳、余晓洁、胡喆对科技部党组书记、副部长王志刚的专访）

来源：新华网 www.xinhuanet.com

2017 年 7 月 21 日

一、人工智能发展进入新阶段

经过 60 多年的演进，特别是在移动互联网、大数据、超级计算、传感网、脑科学等新理论新技术以及经济社会发展强烈需求的共同驱动下，人工智能加速发展，呈现出深度学习、跨界融合、人机协同、群智开放、自主操控等新特征。

——《新一代人工智能发展规划》

人工智能的崛起历程 [①]

在我的一生中，我见证了社会深刻的变化。其中最深刻的，同时也是对人类影响与日俱增的变化，是人工智能的崛起。简单来说，我认为强大的人工智能的崛起，要么是人类历史上最好的事，要么是最糟的。我不得不说，是好是坏目前我们仍不确定。但我们应该竭尽所能，确保其未来发展对我们和我们的环境有利，我们别无选择。我认为人工智能的发展，本身是一种存在着问题的趋势，而这些问题必须在现在和将来得到解决。

人工智能的研究与开发正在迅速推进。也许我们所有人都应该暂停片刻，把我们的研究重点从提升人工智能能力转移到最大化人工智能的社会效益上面。基于这样的考虑，美国人工智能协会（AAAI）于2008至2009年，成立了人工智能长期未来总筹论坛，他们近期在目的导向的中性技术上投入了大量的关注。但我们的人工智能系统须要按照我们的意志工作。跨学科研究是一种可能的前进道路：从经济、法律、哲学

---

① 本文是霍金于 2017 年 4 月 17 日在全球移动互联网大会上发表的演讲，略有改动。

延伸至计算机安全、形式化方法，当然还有人工智能本身的各个分支。

文明所产生的一切都是人类智能的产物，我相信生物大脑可以达到的和计算机可以达到的，没有本质区别。因此，它遵循了"计算机在理论上可以模仿人类智能，然后超越"这一原则。但我们并不确定，所以我们无法知道我们将无限地得到人工智能的帮助，还是被藐视并被边缘化，或者很可能被它毁灭。的确，我们担心聪明的机器将能够代替人类正在从事的工作，并迅速地消灭数以百万计的工作岗位。

在人工智能从原始形态不断发展，并被证明非常有用的同时，我也在担忧创造一个可以等同或超越人类的事物所导致的结果：人工智能一旦脱离束缚，以不断加速的状态重新设计自身，由于人类受到漫长的生物进化的限制，无法与之竞争，因此有可能将被取代。这将给我们的经济带来极大的破坏。未来，人工智能可以发展出自我意志，一个与我们冲突的意志。一些人认为，人类可以在相当长的时间里控制技术的发展，这样我们就能看到人工智能可以解决世界上大部分问题的潜力。尽管对人类一贯持有乐观的态度，但对此我并不确定。

2015 年 1 月份，我和科技企业家埃隆·马斯克，以及许多其他的人工智能专家签署了一份关于人工智能的公开信，目的是提倡就人工智能对社会所造成的影响做认真的调研。在这之前，埃隆·马斯克就警告过人们：超人类人工智能可能带来不可估量的利益，但是如果部署不当，则可能给人类带来相反的效果。我和他同在"生命未来研究所"的科学顾问委员会，这是一个为了缓解人类所面临的存在风险的组织，而且之前提到的公开信也是由这个组织起草的。这个公开信号召展开可以阻止潜在问题的直接研究，同时也收获人工智能带给我们的潜在利益，同时致力于让人工智能的研发人员更关注人工智能安全。此外，对于决策者和普通大众来说，这封公开信内容翔实，并非危言耸听。人工智能研究人员们正在认真思索这些担心和伦理问题，我们认为这一点非常重要。比如，人工智能是有根除疾患和贫困的潜力的，但是研究人员必须能够创造出可控的人工智能。那封只有四段文字，题目为"应优先研究强大而有益的人工智能"的公开信，在其附带的十二页文件中对研究的优先次序作了详细的安排。

在过去的 20 年里，人工智能一直专注于围绕建设智能代理所产生的问题，也就是在特定环境下可以感知并行动的各种系统。在这种情况下，智能是一个与统计学和经济学相关的理性概念。通俗地讲，这是一种做出好的决定、计划和推论的能力。基于这些工作，大量的整合和交叉孕育被应用在人工智能、机器学习、统计学、控制论、神经科学以及其他领域。共享理论框架的建立，结合数据的供应和处理能力，在各种细分的领域取得了显著的成功。例如语音识别、图像分类、自动驾驶、机器翻译、步态运动和问答系统。

随着这些领域的发展，从实验室研究到有经济价值的技术形成良性循环。哪怕很小的性能改进，都会带来巨大的经济效益，进而鼓励更长期、更伟大的投入和研究。目前人工智能的研究正在稳步发展，而它对社会的影响很可能扩大，潜在的好处是巨大的。既然文明所产生的一切，都是人类智能的产物；当这种智能是被人工智能工具放大过的我们无法预测我们可能取得什么成果。但是，正如我说过的，根除疾病和贫穷并不是完全不可能，由于人工智能的巨大潜力，研究如何（从人工智能）获益并规避风险是非常重要的。

现在，关于人工智能的研究正在迅速发展。这一研究可以从短期和长期来讨论。一些短期的担忧在无人驾驶方面，从民用无人机到自主驾驶汽车。比如说，在紧急情况下，一辆无人驾驶汽车不得不在小风险的大事故和大概率的小事故之间进行选择。另一个担忧在致命性智能自主武器。他们是否该被禁止？如果是，那么"自主"该如何精确定义。如果不是，任何使用不当和故障的过失应该如何问责。还有另外一些担忧，由人工智能逐渐可以解读大量监控数据引起的隐私和担忧，以及如何管理因人工智能取代工作岗位带来的经济影响。

长期担忧主要是人工智能系统失控的潜在风险，随着不遵循人类意愿行事的超级智能的崛起，那个强大的系统威胁到人类。这样错位的结果是否有可能？如果是，这些情况是如何出现的？我们应该投入什么样的研究，以便更好地理解和解决危险的超级智能崛起的可能性，或智能爆发的出现？

当前控制人工智能技术的工具，例如强化学习简单实用的功能，还不足以解决这个问题。因此，我们需要进一步研究来找到和确认一个可靠的解决办法来掌控这一问题。

近来的里程碑，比如说之前提到的自主驾驶汽车，以及人工智能赢得围棋比赛，都是未来趋势的迹象。巨大的投入目前正在倾注到这项科技上，我们目前所取得的成就，和未来几十年后可能取得的成就相比，必然相形见绌。而且当我们的头脑被人工智能放大以后，我们远不能预测我们能取得什么成就。也许在这种新技术革命的辅助下，我们可以解决一些工业化对自然界造成的损害。关乎我们生活的各个方面都即将被改变。简而言之，人工智能的成功有可能是人类文明史上最大的事件。

但是人工智能也有可能是人类文明史的终结，除非我们学会如何避免危险。我曾经说过，人工智能的全方位发展可能招致人类的灭亡，比如最大化使用智能性自主武器。今年早些时候，我和一些来自世界各国的科学家共同在联合国会议上支持其对于核武器的禁令。我们正在焦急的等待协商结果。目前，九个核大国可以控制大约一万四千个核武器，它们中的任何一个都可以将城市夷为平地。放射性废物会大面积污染农田，最可怕的危害是诱发核冬天，火和烟雾会导致全球的小冰河期。这一结果使全球粮食体系崩塌，末日般动荡，很可能导致大部分人死亡。我们作为科学家，对核武器承担着特殊的责任，因为正是科学家发明了它们，并发现它们的影响比最初预想的更加可怕。

现阶段，我对灾难的探讨可能惊吓到了在座的各位，很抱歉。但是作为今天的与会者，重要的是，你们要认清自己在影响当前技术的未来研发中的位置。我相信我们团结在一起，来呼吁国际条约的支持或者签署呈交给各国政府的公开信，科技领袖和科学家正极尽所能避免不可控的人工智能的崛起。

去年10月，我在英国剑桥建立了一个新的机构，试图解决一些在人工智能研究快速发展中出现的尚无定论的问题。"利弗休姆智能未来中心"是一个跨学科研究所，致力于研究智能的未来，这对我们文明和物种的未来至关重要。我们花费大量时间学习历史，深入去看——大多数是关于愚蠢的历史。所以人们转而研究智能的未来是令人欣喜的变化。虽然我们对潜在危险有所意识，但我内心仍秉持乐观态度，我相信创造智能的潜在收益是巨大的。也许借助这项新技术革命的工具，我们将可以削减工业化对自然界造成的伤害。

我们生活的每一个方面都会被改变。我在研究所的同事休·普林斯承认，"利弗休姆中心"能建立，部分是因为大学成立了"存在风险中心"。后者更加广泛地审视了人类潜在问题，"利弗休姆中心"的重点研究范围则相对狭窄。

人工智能的最新进展，包括欧洲议会呼吁起草一系列法规，以管理机器人和人工智能的创新。令人感到些许惊讶的是，这里面涉及了一种形式的电子人格，以确保最有能力和最先进的人工智能的权利和责任。欧洲议会发言人评论说，随着日常生活中越来越多的领域日益受到机器人的影响，我们需要确保机器人无论现在还是将来，都为人类而服务。向欧洲议会议员提交的报告，明确认为世界正处于新的工业机器人革命的前沿。报告中分析的是否给机器人提供作为电子人的权利，这等同于法人（的身份），也许有可能。报告强调，在任何时候，研究和设计人员都应确保每一个机器人设计都包含有终止开关。在库布里克的电影《2001太空漫游》中，出故障的超级电脑哈尔没有让科学家们进入太空舱，但那是科幻。我们要面对的则是事实。奥斯本·克拉克跨国律师事务所的合伙人，洛纳·布拉泽尔在报告中说，我们不承认鲸鱼和大猩猩有人格，所以也没有必要急于接受一个机器人人格，但是担忧一直存在。报告承认在几十年的时间内，人工智能可能会超越人类智力范围，人工智能可能会超越人类智力范围，进而挑战人机关系。报告最后呼吁成立欧洲机器人和人工智能机构，以提供技术、伦理和监管方面的专业知识。如果欧洲议会议员投票赞成立法，该报告将提交给欧盟委员会。它将在三个月的时间内决定要采取哪些立法步骤。

我们还应该扮演一个角色，确保下一代不仅仅有机会还要有决心，在早期阶段充分参与科学研究，以便他们继续发挥潜力，帮助人类创造一个更加美好的的世界。这就是我刚谈到学习和教育的重要性时，所要表达的意思。我们需要跳出"事情应该如何"这样的理论探讨，并且采取行动，以确保他们有机会参与进来。我们站在一个美丽新世界的入口。这是一个令人兴奋的、同时充满了不确定性的世界，而你们是先行者。我祝福你们。

（霍金）

人工智能的现在进行时 ①

大家早上好，非常荣幸能够在世界智能大会上跟大家分享一些我的观点。感谢进鹏书记的介绍，过去十年我们经常在一起探讨各种各样关于人工智能方面的问题，他本人也是人工智能方面的专家，我们有非常多的共同语言。

首先，我要祝贺天津，在人类刚刚进入智能时代的时候，恰逢其时地举办了这么一个世界智能大会，能够把兴趣相同的人聚集在一起，大家一起探讨。不管是智能科技给人们未来带来的收益，还是将来我们有可能面临的风险，这些都是非常有意义的话题，所以我们在这个时候一起探讨是非常好的。

我们都认为人工智能时代已经到来了，未来的三十年到五十年，推动世界经济发展的最重要力量很可能就是智能科技的进步。我们看一看历史，也基本上会得出来同样的结论：过去一百年，世界经济的成长主要是靠技术革新、靠创新来推动的，不是靠人口增长来推动的。过去一百

---

① 本文是李彦宏于 2017 年 6 月 9 日在世界智能大会上发表的演讲，略有改动。

年，大多数的经济增长总量是发达国家创造的，发达国家的经济增长不是人口增长带来的，而是人们生产效率提升带来的。如果我们看一下过去四十年，很明显的一个特点就是技术革新主要发生在 IT 领域。我可以讲，过去四十年世界经济增长的主要推动力是 IT 技术的革新。

怎么来证明它呢？大家来看一下，1977 年的时候，美国股市上最大的五个公司主要是汽车、能源领域的公司，只有一个跟 IT 相关的是 IBM。到 2017 年，现在前五家公司已经全部都是 IT 领域的公司。为什么是这样的？因为过去这么多年，无数的 IT 方面的进步在不断地推进着世界经济的发展。现在，中国的阿里、腾讯也是逐步地在进入这样的状态。

我作为一个技术出身的人主要想看一下，如果我们把时间再拉近一点，过去二十年，主要的 IT 领域创新发生在什么地方？可能有人听过一个词叫"去 IOE"，我最早听到这个词的时候不是很理解，什么叫"去 IOE"？就是去 IBM、Oracle、EMC。像我们这种互联网公司、搜索引擎公司，从成立的第一天起就没有用过 IOE。最早的时候用户量很大，大家都有需求要上网找东西，但是我们不能买 IBM 那么贵的服务器，我们也不能买 Oracle 那么贵而且还慢的数据库管理系统。因为我们要处理的是非结构化数据，所以就重新开发了一套处理非结构化数据的技术，用很便宜的 PC 服务器，用自己开发的软件程序，就能够同时支持几千万人、几亿人进行搜索。所以"去 IOE"在搜索引擎公司一开始的时候就解决了这个问题。再到后来，搜索技术不仅可以在搜索里用，也可以在很多应用方面去用，怎么样大规模地并行化地处理非结构化数据？把这些原来只为搜索准备的技术 generalise（普及）之后，后来我们在其他地方也可用。generalise（普及）之后叫什么呢？就是云计算。大家知道云计算这个概念是谷歌提出来的，他们公布说云计算基础是 GFS、

BigTable、MapReduce 这套东西。

开始进入人工智能时代以后，又是搜索引擎公司最先利用原有的基础再接着创新，更往前推进一步，不仅是软件层面的创新，也到了硬件层面。大家知道 GPU 原来是用来玩游戏的，现在人工智能的深度学习计算基本上都是 GPU 来完成的。吴恩达以前在谷歌的时候，据说很不爽，因为谷歌不让他买 GPU，他们不相信这个方向。后来他到百度之后可以随便买，结果我们就有了全世界最大的 GPU 的人工智能深度学习计算系统。再往后 FPGA 也是新一代的系统架构，它可以更便宜更 flexible（灵活地）去解决相关的问题。这就说明了为什么百度网盘还在支撑着，而其他的网盘都撑不住了，因为我们所用的架构成本更低。过去二十年，搜索引擎公司在技术方面对计算机科学有着相当大的贡献，无论是"去IOE"、云计算，还是 FPGA、GPU 的广泛使用，都跟搜索引擎公司首先面临这个问题，并且解决它是分不开的。

去年我在百度的联盟峰会上讲"下一幕是人工智能"，其实仅仅过了一年时间就不是"下一幕"了，而是"这一幕"。现在所有的人都意识到了，我们处在人工智能时代。

人工智能时代有新的东西在不断出现，每当我们看到这些东西的时候都觉得非常兴奋。2009 年，谷歌开始了他们的自动驾驶项目，大家知道今天全球无论是互联网公司，还是汽车厂商都已经意识到自动驾驶代表着汽车工业的未来。2013 年的 1 月份，百度成立了 IDL（Institute of Deep Learning 百度深度学习实验室），这是全球第一家以深度学习命名的企业研究院。今天，任何一个会一点深度学习技术的人，别的不敢说，找一个高薪的工作是没问题的。2014 年 12 月份亚马逊开始内测 echo，这个东西非常有划时代的意义。过去我们都在用手机，今天如果用 echo

这样的东西，它可以远场地进行语音识别。PC 时代大家是用鼠标、键盘来和计算机交互，智能手机时代我们用触摸屏来和计算机交互，那么在人工智能时代很可能用语音和图像来和计算机进行交互。2015 年 12 月，百度宣布我们语音识别技术的精准度已经超越了人类人工识别。2016 年、2017 年，微软和谷歌也分别宣布他们的语音识别精准度超越了人类水平。如果更近一点，我们看到 2016 年 12 月 5 日亚马逊推出了无人值守的线下零售商店 Amazon Go，以后你进商店不管是挑东西还是付款都不需要人工操作，完全靠机器可以解决。5 月 4 日，我们宣布改变了百度的使命。百度成立快 18 年的时间，前 17 年的时候，我们是说"让人们最平等便捷地获取信息，找到所求"，大家能感觉到这是带有互联网特色的使命，它是连接人和信息。但是随着人工智能时代的到来，我们觉得我们能做的事情远远不只这些，智能技术可以改变更多，可以让复杂的世界变得更简单，所以我们就说是"用科技让复杂的世界更简单"。为什么我们说这个世界还是复杂的呢？你现在去机场还得要记着带身份证、过安检，为什么不能不带身份证不过安检直接刷脸就上飞机呢？我们每天要出行，很多人都选择开车，但开车还要学习，有的人要花一个月的时间甚至更长的时间，再花几千块钱上驾校学习才能学会开车，为什么不能我坐到车里想去哪它就帮我开到哪呢？这样的事情，我们觉得智能技术可以使世界变得更加简单。包括我们天天在使用的电视机遥控器，有几十个按钮，大多数人其实从来不用那些按钮，也不知道那些按钮是干吗用的，为什么不能我说调到天津卫视它就调到天津卫视，为什么不能我说让它音量大点就大点，我问说那个女演员叫什么它就告诉我叫什么，这完全可以用语音技术来解决。世界将来会变得这么简单，而它变简单的途径就是靠智能技术。上个星期，Facebook 也正好宣布改了使命。6 月 22 日，扎克伯格在芝加哥参加 Facebook 的活动的时候，他说我们过去的使命是 "Make the world more open and connected"，这个话也是非常具有互联网时代特色的，就是开放、连接。现在他也意识到这个东西不够了，他说我们要 "Bring the world closer together"，怎么才能 "closer together" 呢？还是要通过用户画像、通过人工智能的技术，找到人和人之间相同的兴趣，把他们连接在一起。两个人相隔千里，如果大家都对牡丹花感兴趣，他们靠用户画像可以把彼此匹配起来。牡丹花有一千多个品种，有姚黄魏紫之类的各种各样，然而当你说这样一个话的时候，周围没有一个人听得懂，但是千里之外可能有另外一个人他也感兴趣这个东西，他能听得懂，两个人就可以连接起来、become closer。说起来有点像贴吧，但这确实是 Facebook 的新使命。

重视人工智能已经成为全球的共识。过去这一年，如果你和世界任何一个国家的领袖交谈，讲起人工智能的话题，他都可以跟你讲几句，因为人工智能对人类社会的影响不仅在经济层面，在政治、文化各个层面都有非常大的影响力。我们看到去年全球科技巨头在 AI 的投资有 300 亿美元，人们对 AI 的关注也是前所未有的高。我们看到百度搜索"人工智能"这个词的媒体指数，2016 年比 2015 年上升了 632%，2017 年上半年在这么高的基础上又上升了 45%。

中国在人工智能方面还是非常有优势，我们有很大的市场，我们有很多的人才，大家看人工智能方面的论文，好多都是中国人写的，我们可能天生就适合干这个事，我们也有很多的资金。更重要的是人工智能技术要想往前推进的话，需要有大量的数据积累进行训练，全世界没有一个市场是有七亿多的网民，说的是同样的语言，他们遵循的是同样的文化和道德标准，遵循的是同样的法律。你再也找不到这样一个市场，在这样的市场当中，你在人工智能方面真的是如鱼得水。我们不领先世界，真的是说不过去的。

所以外媒也注意到了，《华盛顿邮报》说"中国已在人工智能研究方面领先美国"，《纽约时报》讲"中国正在人工智能领域超越美国"，虽然媒体的话总有点语不惊人死不休，他们的话总是说得更极端一些，但是中国在人工智能方面的成就应该说是举世瞩目的。

人工智能在应用方面，每天都有新的东西出现，正在加速进入各种各样的场景。比如说人脸识别，就是在昨天，在南阳机场已经实现了刷脸登机，不用登机牌人就可以直接过去。这样在过去我们很难想象的事情已经实实在在地发生了。

而无人驾驶呢？全球的共识大概是在 2021 年到 2022 年之间无人驾驶会成为现实。目前互联网公司、汽车运营公司以及汽车制造公司、汽车零件公司都已经加入到了无人驾驶的研究和开发行列，这个大潮是谁都挡不住的。

我们也尝试用 AI 的技术、用人脸识别技术去帮助寻找走失的亲人。最近的案例是重庆一个孩子在四五岁的时候走失，二十七年以后他生活在福建，通过人脸识别的比对找到了他的亲人。还有一例是陕西的一对老夫妇带着他智力障碍的儿子到北京看病，儿子走丢了，因为有智力障碍，说不出来自己姓什么叫什么。他们在北京徘徊八个月之后，还是靠我们人脸识别的技术给他比对上了，找到他的时候，他已经满脸络腮胡了，跟平时见到的本人照片已经完全不一样了，但是机器可以识别出来。

智能语音的交互，像对电视说话、用语音来控制电视现在也已经实现了，在长沙就已经落地了，有这样的机顶盒它完全可以用语音来进行操控。你问它这个演员是谁，它真的知道是谁。

我最近也在讲人工智能时代的思考方式跟互联网时代是非常不一样的，我总结了一些。第一，我们觉得智能手机已经完全普及，手机仍然会长期存在，但是移动互联网的机会已经不多了，如果今天你再重新创业，干一个什么事，想要靠移动互联网起来，这已经非常困难了。第二，需要把思维方式从 Think Mobile 变成 Think AI。Mobile 时代是什么样的思维方式呢？就是什么东西都要用手滑来滑去，在设计的时候很关注这个字体大小是什么样的，那个导航要放在什么位置，是纯软件的东西，但是进入人工智能时代，你必须要思考软硬件的结合，我们在公司内部开会的时候就很明显，做移动产品的产品经理就很关注这个功能要用几个字来描述，字体大小应该是什么样的，什么颜色；而人工智能方面的产品经理从兜里掏出一个芯片说，我这个芯片现在可以做到 58 块钱一片，这里有什么功能。这是两种完全不同的思维方式。第三，未来在智能时代，软件和硬件的结合会越来越明显。第四，很多人讲数据秒杀算法，马云讲了 DT 时代好多年了，上个月我们在大数据峰会上也碰到，而且特别巧的是我们俩是一个平行论坛。我当时觉得压力很大，大家都去听马云讲不听我的怎么办？但是还好，我那场也挺满的。我讲的是真正推动社会进步的是算法。到最后闭幕的时候，马化腾出来总结说其实他们俩说的都不对，最重要的既不是数据，也不是算法，是场景。其实没有必要去做这样的争论，甚至我觉得这些都是套路，大家说的本不矛盾。我在当时讲话时，除了讲算法推动社会进步，我也讲了过去的创新来自于大学、实验室，未来的创新会来自于数据和场景。第五，因为我们已经进入了 AI 的时代、智能的时代，用 AI 的思维做互联网产品会有非常大的优势。

　　所以，我在这里希望大家能够把握人工智能的广阔前景，因为它确实是可以改变任何一个行业，它会改变医疗健康行业、教育行业。刚才联合国教科文组织知识社会局局长也讲到，有很多知识我们积累起来了，但怎么让人能够更加高效地、更加简单地学会这些知识？人工智能在个性化学习教育上会有很大的潜力，金融方面现在也广泛地运用人工智能技术。几乎每一个行业，比如制造、安防等都会受到人工智能技术非常大的影响。今天下午的很多论坛都是一个一个行业地在探讨人工智能的影响力，所以我就不在这里细讲了。

我想讲的是人工智能时代不是某一家公司，或者某几家公司的专利，相反它是很多公司合在一起来做的事情。最近我看到李开复在《纽约时报》上撰文，他说未来人工智能时代很残酷，最后机会都会变成大公司的。全球可能有七家公司，真正能够从人工智能时代获益变成很大的公司。其实我不同意这个观点，要想做成一件事情，比如说现在百度在无人驾驶上做了好几年，积累了很多的技术，但是我们仍然觉得，靠我们一家公司做这个事是做不成的，我们需要把像大陆、博世这种等 Tier 1（一级供应商）的厂商引进来，也要把汽车制造商引进来，也需要把共享出行的运营商引进来。在芯片的层面，我们和 intel（英特尔）合作，我们跟 NVIDIA（英伟达）这样完全靠 GPU 起来的一个公司也要有合作，跟 HTC 等等很多公司合作。大家一起合作才能把智能技术推向一个新的高潮。

（李彦宏）

人工智能的发展趋势 ①

一、有机生命会逐步被无机生命所替代

人工智能不仅仅是 21 世纪最重要的科学进化，也不只是我们人类历史上最重要的科学进化，甚至可能是整个生命创始以来最重要的原则。有机生命根本的规则没有发生变化，与过去的 40 亿年当中都是保持一致的。过去 40 亿年当中，所有生命都是按照优胜劣汰的原则进行演变，所有的生命完全按照有机化学的规则进行了演化。

因为我们的生命是有机化合物组成，不管你是巨大的恐龙还是一个阿米巴虫，还是一个土豆，还是一个人，都是按照物竞天择的规则，都是有机化合物组成的，我们完全遵守过去 40 亿年有机化学规律的演变。

这样一个 40 亿年的规则将会随着人工智能出现而发生根本变化，人

---

① 本文是尤瓦尔于 2017 年 7 月 6 日在"未来进化"首届 XWorld 大会上发表的演讲，略有改动。

工智能将替代物竞天择自然选择的结果终止。我们的生命将根据计算机智能设计，脱离原先有机化合物的限制，脱离原先有机化学的限制，突破原先的限制而进入一个无机的世界。

在我们有生之年，有可能看到有机生命会逐步被无机生命所替代。我们会逐步看到有机化学规律和无机智慧性的生命形式并存。原先我们是碳基的，未来生命形式当中，硅基会成为主要的生命形式。这是我们有生命以来的40亿年当中第一次出现的一个重大变局。

二、选择权将逐步让渡给人工智能

在过去的40亿年当中，大家想象一下，所有生命都是局限在地球这样一个行星上面，没有一个生命、阿米巴虫或者任何一种生命形式有能力突破我们这样一个行星（地球），去其他的星系进行殖民。这是因为自然选择规律让所有有机物、有机体局限在地球中，一个非常独特的环境——温度、气候、阳光、重力。

一旦我们从原先有机的生命形态转变成为无机的生命形态，比如机器人，人工智能计算机等，那么环境就没有限制了。机器人在火星上面也可以生存，而人类不可以。我们在科幻小说或者电影当中看到的一些场景，现在对于人类来说仍然是非常困难的。因为我们这样一个有机生命体在地球以外的外太空是很难生存的，但是计算机机器人、人工智能相对而言，比较容易能够在地球以外的其他星球和星系中生存。

因此，在地球出现生命以来的40亿年，我们有可能突破地球的限制而进入到其他星系，不是人类，而是人工智能可以做到这一点。另外一个重大突破性的演变，也是在我们有生之年可以看到的，事实上大家已经从某种程度上经历了这样一种变革。

什么样的变革呢？我们人类上万年以来在演变过程当中获得了越来越多的力量，在21世纪的时候人类将会失去这些力量，这些力量将逐步从我们这个物种让渡给人工智能。比如世界上在发生什么，甚至我们自己生命在发生什么，这些权力或者我们掌控的力量，不管重要的还是不重要的，将会逐步拱手让给计算机或者人工智能的这些算法。

1. 人工智能可以了解你的喜好

举一个很简单的例子，比如你下一个月读哪一本书，这是我们生活当中很简单的决定，我们可以有很多的选择。以前很多人会依赖自己的感觉、喜好、口味，或者依赖朋友、家人的推荐。选择哪一本书阅读，目前取决于我们自己的感觉、喜好、口味，但是进入21世纪以后，我们逐步把阅读什么书，购买什么书这样的权力让渡给了电脑、计算机、算法，让渡给了亚马逊网站。

所以当我们进入到亚马逊未来的书店中，有一个算法告诉你：我一直在跟踪你，我一直在收集你的数据，你喜欢什么书、不喜欢什么书，我都知道。亚马逊的算法会根据它对你的了解，以及它对于上千万读者的了解向你推荐书籍。

但这个仍然处于初级状态，这只是人工智能迈出的一小步，亚马逊网站对你的算法仍然非常有限。进入到下一个阶段，今天已经发生，我们看到这样的算法越来越了解你。今天越来越多的人看书不是看纸版书，而是阅读电子书，在手机看书或者一些电子阅读器上面看书。当你在这个设备上读这些书的时候，这个设备也在"读"你。

这是有史以来第一次不仅仅只是人类在阅读一本书，当你在读一本书时，书同时也在"读"你。你的智能电话、智能平板在跟踪你，监测你，搜集你的数据，这些设备可以了解到哪一页你会很快地翻过去，哪一页你是慢慢阅读的。这些数据会给出一些结果：哪些对你来说是无趣的章节，哪些是你喜欢的章节，它也知道哪一页你不读了。当我购买了别人推荐的书，读后虽然不喜欢了，但我还是会告诉每一个人这本书非常好。为什么？因为我不想丢脸，别人都说这本书很好。要知道这样只能骗了别人，计算机这个算法是不会被你骗的，它知道你读到第 5 页不读了，或者读到第 42 页的时候不喜欢了。

2. 人工智能可以体会你的情绪

以上是非常初步的功能，下一步它的设备可以连接面部识别的一个软件。今天面部识别的算法很初级，但是慢慢地，它会学会通过看你脸部的表情判断你喜好。这就跟我们看别人一样，我知道你的表情背后掩盖着什么样的感情，什么样的感觉。通过观察你的面部表情，肌肉的变化就会知道你是在笑还是在生气，或者只是无聊了。

这是人类用来认知情绪的方式，今天计算机也在学会、提高对于情绪的识别能力，甚至比人类做得更好。他们能够找到面部活动的规律，并且用这种规律来分析和评判一个人目前的情绪状态是怎样。我们把这样的一个软件和 kindle 这样的电子阅读器结合在一起，kindle 能够判断你正在阅读的书对你产生的情绪影响。

你在看书的时候笑了，这时候它知道你笑了；你看到某一章生气了，它知道你生气了。我作为一个作者，经常想象书中的哪一章哪一节，读者会看着看着就笑了，他们会不会理解我埋在文中的笑点，能不能看出我写这段文字是表达讽刺。我不知道，但是亚马逊会知道。如果 87.3% 的读者在读到这一段的时候，这个笑话没有笑说明这不是一个有效的笑话。

3. 人工智能可以提出适合你的建议

最后一步把设备和生物识别传感器结合在一起，这些生物识别传感器是植入在体内，这不是科幻小说，已经实实在在在用了。生物特征传感器能够持续不断地监控我身体各种生物指征。我现在给大家做讲演，我的血压心率是多少，血糖水平或者我的激素水平是多少。

但是你不知道，计算机通过刚才讲的这样的技术能够知道我每一刻血压的变化。根据这样的数据，我们大家想象一下你正在读一本非常长的书，比如托尔斯泰的《战争与和平》，当你读完的时候，实际大部分情节都忘了，但是亚马逊、腾讯或者百度任何一家公司，它的电子阅读器通过生物识别传感器记录了你阅读这本书的状况。

在我读完《战争与和平》之后，这个设备就知道我是一个怎样的人以及性格特点是什么。根据这样的一种知识和了解，设备不光能够向我推荐书籍，而且也能够围绕着我生活中更加重要的决策，向我做出建议。比方我应该学什么，该生活在哪，应该在哪儿上班，甚至和谁结婚。

人生当中最重要的决定之一，可能就是你的一生要和谁度过——伴侣的选择。在选择伴侣这件事上，很多人犯过糟糕的错误，我们主要依赖自己的感觉以及亲友家长的建议。现在有对情侣，该结婚还是分手？二三十年以后，你可能可以问亚马逊、百度、腾讯这样的问题，今天你得靠自己的感觉和亲友的意见。

那时候，亚马逊等公司对于我个人、和我相处的人已经如此了解，你可以问它们的建议。你迄今为止所有的邮件、微信消息、手机通话它都在追踪，看书、看电影时，它在监控你血压心率的变化；你每次约会的时候，它也在监控你约会水平的变化。

它对于你个人所有信息的了解以及伴侣的了解，对几百万人的成功或不成功的伴侣关系的理解，可以告诉你：现在你和你的男朋友或者女朋友结婚的概率是90%。因为在你一生当中找不到更好的伴侣了，因为它如此地了解你，你心里想的可能是：我有能力找到一个更好的伴侣，更好看更漂亮的伴侣。它会知道你这样想的错误来源所在：你对外表太看重了。

你在选择的时候，考虑的因素还是五万年前我们的远祖祖先在非洲的大草原上择偶的标准。现在机器会告诉你：根据我的统计数据，即使外表对于关系的成功与否具一定的重要性，但是这个重要性是比较小的，可能只占整体权重的10%，也就是在一个成功的关系当中只有10%是取决于外表、美貌。机器会告诉你：我已经看到了这样的现实。从长远来看，你和现在这个人在一起会是最幸福的，你应该和他结婚。

在这样的一种设想当中，决策的权威、权力已经转移了，从人类手中移交给了算法。我们在这需要理解的是：做出决定的能力就像一组肌肉一样，这样的肌肉你不用的话就会退化，你对计算机信任越多，依靠人工智能来做决定越多，你就会失去自己做决定的能力。

给大家举一个简单的例子：找路。在北京去一个地方，比如火车站，过去我们怎么找路？基于自己的本能知识经验，到一个十字路口该左转还是右转，你会依赖于自己的经验。今天我们越来越多的人依赖智能手机、各种各样的GPS、地图的应用。

你的本能告诉你应该右转，但是智能手机告诉你左转，你越来越多地相信智能手机，而不是直觉。经过一段时间之后，你的认路、找路能力就丧失了，即使你还想这样做。在北京这样的空间找路、认路，今天我们靠机器，二十年以后我们在自己的人生当中碰到了这样的十字路口要做决策的时候，很多人会用智能手机、人工智能来做决定，他们会告诉你该怎么做。

三、人工智能产生的革命性影响

随着人工智能变得越来越好，有可能人工智能会把人从就业市场当中挤出去，对于整个社会的经济和政治都产生革命性的影响。

1. 减少交通事故

十年前，如果说计算机驾驶的技术比人更好，大家会觉得这是一部科幻小说。但是今天所有专家都达成了共识。可能再过一两年时间，计算机就能够比人类驾驶员的平均水平要好得多。届时数以百万计的出租车、卡车、公交车司机会失业，让位于自动驾驶汽车。

它不仅开起来好，安全性要高得多。今天世界上汽车事故造成的死亡人数比战争暴力还要多一倍。战争、恐怖主义犯罪，每年造成60-70万人死亡，汽车每年造成130万人死亡。大部分汽车事故都是由于人为造成的，比如酒驾，开车的时候打电话，或者睡着了，或者发信息。

今天交通事故当中人是主要的因素，有了人工智能就不会有这样的问题。自动驾驶的汽车永远不会喝酒，自动驾驶的汽车也不会在开车的时候睡着了，也不可能在开车的时候接打电话，这样自动驾驶汽车就能替代人员驾驶员的作用。

2. 解决道德伦理上的难题

除此之外，人工智能也能做一些关于伦理道德的决定。比方自动驾驶汽车开的过程当中，突然前方有两个孩子在踢球，这个时候负责自动驾驶的计算机通过算法可算出避免撞死这两个孩子的办法是快速转向另一条车道；另一个解决方案可能就是让客户、车厂来决定。

比方丰田让客户决定自己要选用哪一款车，有一款车碰到这样的情况会决定让你死，那么另外一款车会决定刹车但是仍然会撞死前面两个孩子，你会买哪一款车，选哪一种算法？世界上最优秀哲学家先把这样的程序做好，我们在理论上考虑的所有东西有各种各样的理论，但是这些理论对于遇到危机时的作用甚少。

大家可以说道德的选择是牺牲自己的生命救前方的孩子，但是一旦你真正上路了，在几秒内必须做出这个决定时，你就会忘记刚才的结论，会根据你的本能情绪来采取行动。

那些理论哲学上的行为和人类实际行为是有巨大差距的，但是有了计算机人工智能，我们就能解决这个问题。我们可以把世界上最优秀的哲学家集合在一起，让他们坐在一个房间，给他们一年时间讨论道德上的难题，不管最终拿出了什么方案，就把这个方案写到自动驾驶汽车的程序当中。

谈到伦理道德决策，人工智能也有可能是平均意义上比人类更好，因为这意味着这样的自动驾驶汽车，假设每一辆车里面驾驶员都是孔子，对于人类驾驶员来说他们被人工智能替代之后，可能会带来很多优势，比如更加安全、更加便利。

与此同时，会使决策权从人民大众手中转向人数很少的一批精英的手中。过去这样的权力和福利是由数以百万计的出租车司机，公交司机，卡车司机来分享，现在都交给了人工智能，他们就掌握了世界上所有的出租车、卡车、公交车。

3. 做更优秀的医生

不光是公交车司机，甚至是医生的工作都会发生变化，在人工智能当中这样的事情已经开始发生。人工智能在疾病诊断方面能够做得更好，提出的治疗方案比平均水平的医生更好，普通医生的知识和能力是有限的，不可能每天都在更新知识，不可能一个人知道全世界所有的疾病药物和研发结果。

对于一个医生来说拥有的数据是有限的，但是对于人工智能来说这都是无可限量的，可以收集信息分析信息，熟知全世界所有疾病，能够24 小时不间断地跟踪一个患者。

今天我的私人医生在以色列每年给我做一次体检，他和我报告我的健康状况。有了人工智能之后相当于你身边就有一个医生，随时追踪你的血压，即使我现在在中国，人工智能应用也会像一个医生一样随时了解我的健康状况，每 0.5 秒了解一下我血液的状态。

这不再是每年做一次体检，对于癌症这样的疾病不是等到癌细胞扩散时再去医院检查，而是在刚刚出现癌细胞的时候就能够被发现。即使我没有不好的感觉，但是人工智能已经发现了。

因此，人工智能会发现癌症早期的症状提出诊疗方案，一个好医生不仅仅是了解你病情，还需要一些情感方面的了解：病人是不是害怕了，或者生气了，愤怒了等等。所以有人认为人工智能做不到，事实上人工智能比人类医生还能够抚慰病人心灵。

人类医生怎么判断呢？可能看你的面部表情，某一个声音语调的变化，但是人工智能可以更加精准地分析你的面部表情，说话的语调变化。它能更加精准地比人类医生了解病人情绪的变化，监控某一个病人内部身体情绪的变化。有时候病人自己都不知道自己是什么状态，但是人工智能可以，因为他在不断监控你的心跳血压状况等等。当然想要创造出这样一个人工智能医生，还有很多问题需要去解决，很多技术难题需要突破。

我们技术上只要实现一次突破，就可以解决一切的问题。人工医生怎么培训？可能需要八年大学硕博连读，临床实习之后才会培训出一个合格的医生来。十年之后，我们花了这么多资源只不过培养出了一名人类医生，这时候培养第二名又需要花十年时间。

但人工智能只要技术上实现一次突破，你拿到的不是一个机器医生而是无穷多的人工智能医生，他们可以被复制。这个比培训人类医生要效率高得多，虽然一开始要花数百万亿美元研发，但是一旦研发出来就可以无穷复制。

随着技术发展我们可以用机器替代出租车、司机、医生其他职业，人工智能逐步都可以替代，这时候出现一个非常大的人类社会学问题。

正如第一次工业革命使得城市无产阶级出现，人工智能的出现会出现一个新的阶层，就是无用阶层。数以亿计的人将找不到工作，他没有办法和计算机人工智能竞争，对这些人来说他已经丧失了经济的价值，没有经济价值也就没有政治权力，这会对社会、政治、经济方面产生巨大的问题。

四、人工智能时代，你该教孩子学会什么

当然大家说会出现一些新的职业，但你没有办法确定会出现哪些新的职业替代那些正在消失或者被机器抢走的职业。我们可以说人会自己

不断地学习，不再需要卡车司机、出租车司机，会有新的职业设计未来的事业，设计 3D 计算机游戏。

你想一下一个 50 岁的出租车司机失业之后，他有多大能力去培养自己？对于 50 岁的出租车司机来说，他要重新培养自己的能力，这样就太晚了。这样的革命非常危险，它会从根本上改变我们的教育体系。

今天，你会教孩子什么？今天在学校里我们应该教孩子什么？大学里面应该教孩子什么，让他们能够在二三十年之后适应当时的就业市场？事实上我们没有人能够描述二、三十年后的就业市场，换句话说我们现在的教育系统没有办法了解今天应该教我们的孩子什么。今天我们的孩子在学校里面学到的所有知识二三十年后完全无用，我们不知道现在应该教他们什么，才能够让他们在二三十年后找到工作。

二三十年后可能产生新的工作，但是今天的孩子到那天也许是不具备那些新工作的就业能力的。那么这个时候就会出现数百万、数千万甚至上亿失业人口，他们丧失了经济价值，这会产生进一步威胁。人类未来的精英阶层是否还会有动力照顾那些弱势群体？

现在，世界各地的政府还会投资于那些弱势群体，为什么？因为政府精英群体需要这些弱势群体，即使是德国的纳粹希特勒，他也要投资这些弱势群体。他要变大，需要有强大的军队，需要普普通通的数以百万计的德国人去给他当兵，成为工厂的工人才能支撑他打这样的战争，所以投资大量的资金用于教育和医疗。但是未来如果人工智能替代人类，他可以替人去打仗、去做工，这样国家精英阶层就没有动力去投资医疗教育，帮助弱势群体。

人类社会会分成两大阶层，一个是非常少的精英阶层，就像上帝一样，他们在创造大量的人工智能，而绝大部分人将变成没有任何经济价值的无用阶层。这是 21 世纪最大的风险。

五、人工智能毫无疑问会改变我们的未来

最后一点，这也是非常重要的一点：现在有很多关于人工智能的讨论，但是也有很多关于人工智能究竟意味着什么的迷惑和疑问。智能和意识之间究竟有什么区别，很多人迷惑。

智能是解决问题的能力，比如我们诊断一个疾病，或者找到某一个疾病的治疗方法，这是智能。但是人类的意识是感受某一种外界的能力，你的情绪、你的感情、你的痛苦、愉悦、爱等等。人类和其他的哺乳动物，大猩猩猴子等，他们的意识和感情是合二为一的。

但是计算机不一样，科学告诉我们智能和意识是完全不一样的两个东西。到目前为止，我们计算机或者人工智能发展到今天，智能水平在不断提高，但是人工智能的意识还是零。

换句话说：我们现在没有任何指标证明或者任何迹象表明，计算机和人工智能在未来能获得这种意识。计算机只是以一种完全不同的方式在工作，和人类其他的哺乳动物完全不一样，这是我们面临的风险，或许是最大的风险。

计算机会比我们智能得多，比人类水平高好多，他会控制这个世界，开始向宇宙其他星系去扩张，但是他们仍然没有意识。我们会有一个充满智能机器的宇宙，但它们却丧失意识和情感。大家可以想象生命过去的演变在逐步向更高的智能发展（无论是人类或者其他哺乳动物），在演变过程当中是非常慢的。上亿年的生命通过我们的意识不断摸索，慢慢演变到今天的智能状况，速度是非常慢的，演变需要数百万年的时间。

突然有一个计算机杀出来，他们用完全不同的路径、方式，完全不同的发展模式，超级的智能在赶超有机的生命体。他们智能的进化和演变速度比我们快得多，他们会控制整个世界甚至宇宙，但是没有意识。

我讲的东西不是一个寓言。没有人会知道未来是什么样，一切还悬而未决，同样一个技术你可以创造出完全不同的社会和世界。我们在21世纪曾经看到过这一幕，我们的技术、汽车、广播、电视、计算机，可以利用相同的技术创造出社会主义的国家，资本主义的国家、法西斯国家也都是利用同样的技术。

同样，人工智能的技术毫无疑问会改变我们的世界，但是我们未来的社会究竟怎么样？这会有很多选择，而不是完全由技术来决定的，一切都悬而未决。如果大家不喜欢我刚才描述的这个世界，大家仍然可以用自己的行动去改变决定未来世界的形态，去消除风险，发挥技术好的那一面。

最后我想讲的就是：无论你是个人、企业还是政府部门，我们在做人工智能的时候，做各种各样决定的时候，一定要注意人工智能不仅仅是单纯的技术问题，同时也要注意到人工智能以及其他技术的发展，将会对社会、经济、政治产生深远的影响。

我们一定既要注重人工智能技术层面的问题，也要重视人工智能的发展对社会可能产生的影响。因此，我们在投资于技术发展的时候，还要投入于社会影响的研究，谢谢。

（尤瓦尔）

人工智能的前景瞻望

《新一代人工智能发展规划》发布的缘起

在 1956 年的美国达特茅斯会议上，包括麦卡锡、明斯基等在内的 4 位图灵奖获得者与多名学者共同确立了 "人工智能" 的概念，就是希望机器能像人那样认知、思考和学习，即用计算机模拟人的智能。此后，出现了基于人工智能的应用。

自 20 世纪 70 年代以来，人工智能涌现出的应用包括机器定理证明、机器翻译、专家系统、博弈、模式识别、学习、机器人和智能控制，这些都是在模仿人的智能。在这一过程中形成了很多学派，如今最著名的就是 "连接学派" 中的 "深度融合网络"。

中国工程院对人工智能尤其在应用领域研究以后，发现人工智能正在大变，这些大变化出现了很多新的关键理论与技术，比较典型的有大数据智能、群体智能、跨媒体智能、人机混合增强智能、自主智能系统。

大数据智能即现在的大数据支持下的人工智能；互联网将人与计算机、人与人连接在一起，形成群体智能；跨媒体处理的认知方式越来越引起人工智能界的重视，这种"多媒体＋传感器"产生的跨媒体感知计算可称为跨媒体智能；把机器跟人结合在一起形成更强大的智能系统称之为人机混合增强智能；从机器人的概念解放出来，各种各样的智能系统逐渐发展成自主的智能系统。

另外人工智能的应用也出现了许多变化，如智能制造、智能城市、智慧医疗等。

这些变化是如何产生的？我们需要研究它的根源。在此基础上，中国工程院将其当作一个重大课题进行研究。该课题所提出的观点为国家所接受，这促成了 2017 年 7 月 20 日我国发布《新一代人工智能发展规划》。

人工智能正在换代的动因

为什么说人工智能正在换代？我们认为原因是，当今世界正在发生巨大变化：正从原来由物理空间和人类社会空间组成的"二元空间"（PH空间）进入多了一个信息空间的三元空间（CPH 空间）。

三元空间是如何壮大的？50 年前世界还只是二元空间，所有信息的流转、传播均来自于人类。就算后来有了互联网、移动通信、搜索工具，仍旧是二元空间，因为信息源仍然是人。然而今天，许多信息直接来源于物理世界——数以万计的卫星一刻不停地向地面传达信息，数以亿计的摄像头通过屏幕传达信息，大量的传感器形成传感器网，成为新的信息源。

在二元空间，人类通过自然科学和工程技术认识和改造世界；而在多了一个信息空间的三元空间，人类可以人机交互、大数据、自主装备的自动化间接改造物理世界，而且这种能力越来越强大。

空间的变化，不仅出现了大数据，还出现了新的通道。这些新的通道会带来新的计算、新的社会能力。这不仅会给计算机学科、智能学科提供研究的新途径和新方法，还会形成很多新的学科。举例来说，城市规划师很难一次性将一座城市的空间、产业、环境统一规划好，但从空间的层面理解城市，通过大数据的渠道，今后一定可以更清晰地了解城市如何良性运转。

同样的，复杂的环境生态系统、仍有许多未知的医疗和健康系统等，都是"科学问题+工程问题+社会问题"的复杂系统，靠传统的认知、观测很难了解它们，需要将传统的方式与新的认知方式结合在一起，才能对它们进行新的改造，这就是人工智能迈向新一轮发展的基本动因。

以动因而论，信息环境发生巨变，人工智能怎能不变？在新的信息环境下的人工智能一定是新的人工智能。以需求而论，人类的需求也发生巨变，人们需要用数据方法研究智能城市，去发展智能医疗、智能交通、智能游戏、无人驾驶、智能制造，需要人工智能从模拟人到模拟系统。以目标而论，从过去追求计算机模拟人的智能到追求人机融合，追求"互联网－人－机"更加融合的群体智能，这就是提出人工智能2.0的由来。相信随着信息技术的扩展，一定还会有新的人工智能技术出现。

需要提出的是，人工智能从1.0走向2.0，实际是人类的生存空间从PH空间到CPH空间演变的深化，前方还有许多理论和实践的挑战等待着我们。

AI 2.0时代初露端倪的技术

尽管人工智能2.0还只是刚开始，但已经出现了很多新的技术特征。从大数据智能来看，现在深度学习技术很强大，但不止于此。AlphaGo能够引起举世震动，不仅因其机器学习能力，还在于其运用了"自我博弈进化"等新技术，这是一种新理念。可见，大数据智能除了深度学习以外还会产生很多新技术。

一些新的应用也很有启发。一个很好的例子是，谷歌的 DeepMind 团队已能为谷歌"挣钱"——DeepMind 用它的软件控制着谷歌数据中心的风扇、制冷系统等 120 个变量，软件将这 120 个变量进行推理优化，使得谷歌数据中心的用电效率提升了 15%，几年内已为谷歌节约电费数亿美元。2015 年我国数据中心耗电 1000 亿度（据 ICT Research 统计），相当于整个三峡水电站一年发电量，这对我们很有启发。

用计算机替代人来进行组织工作也已出现巨大苗头。一个人或一组人不易完成的事，群智可以完成。美国普林斯顿大学一个项目组开发了一款名为"EyeWire"的游戏软件，目标是通过电子显微镜把人的视网膜与人脑的联系进行涂色显示。然而，这种对神经元的标记并不是几个人能完成的——神经是如此之多而每个科学家只知道其中一小部分。该项目组通过互联网号召全世界的眼神经专家共同来标记，最终有 145 个国家的 16.5 万名科学家参与了这个项目，人类也史无前例地知晓了视神经的工作机制，这就是群智的力量。

人机一体化技术导向的混合智能也潜力巨大。可穿戴设备、半自动驾驶、人机协同手术等技术已大面积涌现，这将成为一个新的领域，也会有大量的新产品出现。

同时，跨媒体推理已经兴起。近两年虚拟 / 增强现实（VR/AR）这种跨媒体技术十分引人注目。谷歌眼镜可以"所见即所知"，将所见物品的产地、价格等信息即时呈现；微软的智能软件可利用照片生成油画、国画，这都表明跨媒体技术发展非常快，相信在今后 20 年，跨媒体技术将大大提高机器和人的智能水平。

此外，无人系统迅速发展。过去 60 多年间，人工智能大力发展机器人，但发展最快的反而是机械手 / 臂、无人机、无人船等。许多城市、企业提出机器换人，但最核心的部分不是换掉人，而是让机器更智能、更加自主化。因此，自主智能系统仍需投入大量研究。

人工智能 2.0 的发展顺应信息化"数字化—网络化—智能化"的发展方向。中国很多省市和企业都纷纷在国家规划的指导下，制定本区域、本单位的新一代 AI 发展规划，准备大干一番。有理由相信，中国的人工智能技术与产业的快速发展期正在不可阻挡地大踏步到来。

（潘云鹤，中国工程院院士）

来源：《中国科学报》

人工智能的历史、现状和未来

如同蒸汽时代的蒸汽机、电气时代的发电机、信息时代的计算机和互联网，人工智能正成为推动人类进入智能时代的决定性力量。全球产业界充分认识到人工智能技术引领新一轮产业变革的重大意义，纷纷转型发展，抢滩布局人工智能创新生态。世界主要发达国家均把发展人工智能作为提升国家竞争力、维护国家安全的重大战略，力图在国际科技竞争中掌握主导权。习近平总书记在十九届中央政治局第九次集体学习时深刻指出，加快发展新一代人工智能是事关我国能否抓住新一轮科技革命和产业变革机遇的战略问题。错失一个机遇，就有可能错过整整一个时代。新一轮科技革命与产业变革已曙光可见，在这场关乎前途命运的大赛场上，我们必须抢抓机遇、奋起直追、力争超越。

概念与历程

了解人工智能向何处去，首先要知道人工智能从何处来。1956 年夏，麦卡锡、明斯基等科学家在美国达特茅斯学院开会研讨"如何用机器模拟人的智能"，首次提出"人工智能（Artificial Intelligence，简称

AI）"这一概念，标志着人工智能学科的诞生。

人工智能是研究开发能够模拟、延伸和扩展人类智能的理论、方法、技术及应用系统的一门新的技术科学，研究目的是促使智能机器会听（语音识别、机器翻译等）、会看（图像识别、文字识别等）、会说（语音合成、人机对话等）、会思考（人机对弈、定理证明等）、会学习（机器学习、知识表示等）、会行动（机器人、自动驾驶汽车等）。

人工智能充满未知的探索道路曲折起伏。如何描述人工智能自 1956 年以来 60 余年的发展历程，学术界可谓仁者见仁、智者见智。我们将人工智能的发展历程划分为以下 6 个阶段：

一是起步发展期：1956 年—20 世纪 60 年代初。人工智能概念提出后，相继取得了一批令人瞩目的研究成果，如机器定理证明、跳棋程序等，掀起人工智能发展的第一个高潮。

二是反思发展期：20 世纪 60 年代—70 年代初。人工智能发展初期的突破性进展大大提升了人们对人工智能的期望，人们开始尝试更具挑战性的任务，并提出了一些不切实际的研发目标。然而，接二连三的失败和预期目标的落空（例如，无法用机器证明两个连续函数之和还是连续函数、机器翻译闹出笑话等），使人工智能的发展走入低谷。

三是应用发展期：20 世纪 70 年代初—80 年代中。20 世纪 70 年代出现的专家系统模拟人类专家的知识和经验解决特定领域的问题，实现了人工智能从理论研究走向实际应用、从一般推理策略探讨转向运用专门知识的重大突破。专家系统在医疗、化学、地质等领域取得成功，推动人工智能走入应用发展的新高潮。

四是低迷发展期：20 世纪 80 年代中—90 年代中。随着人工智能的应用规模不断扩大，专家系统存在的应用领域狭窄、缺乏常识性知识、知识获取困难、推理方法单一、缺乏分布式功能、难以与现有数据库兼容等问题逐渐暴露出来。

五是稳步发展期：20世纪90年代中—2010年。由于网络技术特别是互联网技术的发展，加速了人工智能的创新研究，促使人工智能技术进一步走向实用化。1997年国际商业机器公司（简称IBM）深蓝超级计算机战胜了国际象棋世界冠军卡斯帕罗夫，2008年IBM提出"智慧地球"的概念。以上都是这一时期的标志性事件。

六是蓬勃发展期：2011年至今。随着大数据、云计算、互联网、物联网等信息技术的发展，泛在感知数据和图形处理器等计算平台推动以深度神经网络为代表的人工智能技术飞速发展，大幅跨越了科学与应用之间的"技术鸿沟"，诸如图像分类、语音识别、知识问答、人机对弈、无人驾驶等人工智能技术实现了从"不能用、不好用"到"可以用"的技术突破，迎来爆发式增长的新高潮。

现状与影响

对于人工智能的发展现状，社会上存在一些"炒作"。比如说，认为人工智能系统的智能水平即将全面超越人类水平、30年内机器人将统治世界、人类将成为人工智能的奴隶，等等。这些有意无意的"炒作"和错误认识会给人工智能的发展带来不利影响。因此，制定人工智能发展的战略、方针和政策，首先要准确把握人工智能技术和产业发展的现状。

专用人工智能取得重要突破。从可应用性看，人工智能大体可分为专用人工智能和通用人工智能。面向特定任务（比如下围棋）的专用人工智能系统由于任务单一、需求明确、应用边界清晰、领域知识丰富、建模相对简单，形成了人工智能领域的单点突破，在局部智能水平的单项测试中可以超越人类智能。人工智能的近期进展主要集中在专用智能领域。例如，阿尔法狗（AlphaGo）在围棋比赛中战胜人类冠军，人工智能程序在大规模图像识别和人脸识别中达到了超越人类的水平，人工智能系统诊断皮肤癌达到专业医生水平。

通用人工智能尚处于起步阶段。人的大脑是一个通用的智能系统，能举一反三、融会贯通，可处理视觉、听觉、判断、推理、学习、思考、规划、设计等各类问题，可谓"一脑万用"。真正意义上完备的人工智能系统应该是一个通用的智能系统。目前，虽然专用人工智能领域已取得突破性进展，但是通用人工智能领域的研究与应用仍然任重而道远，人工智能总体发展水平仍处于起步阶段。当前的人工智能系统在信息感知、机器学习等"浅层智能"方面进步显著，但是在概念抽象和推理决策等"深层智能"方面的能力还很薄弱。总体上看，目前的人工智能系统可谓有智能没智慧、有智商没情商、会计算不会"算计"、有专才而无通才。因此，人工智能依旧存在明显的局限性，依然还有很多"不能"，与人类智慧还相差甚远。

人工智能创新创业如火如荼。全球产业界充分认识到人工智能技术引领新一轮产业变革的重大意义，纷纷调整发展战略。比如，谷歌在其2017年年度开发者大会上明确提出发展战略从"移动优先"转向"人工智能优先"，微软2017财年年报首次将人工智能作为公司发展愿景。人工智能领域处于创新创业的前沿。麦肯锡公司报告指出，2016年全球人工智能研发投入超300亿美元并处于高速增长阶段；全球知名风投调研机构CB Insights报告显示，2017年全球新成立人工智能创业公司1100家，人工智能领域共获得投资152亿美元，同比增长141%。

创新生态布局成为人工智能产业发展的战略高地。信息技术和产业的发展史，就是新老信息产业巨头抢滩布局信息产业创新生态的更替史。例如，传统信息产业代表企业有微软、英特尔、IBM、甲骨文等，互联网和移动互联网时代信息产业代表企业有谷歌、苹果、脸书、亚马逊、阿里巴巴、腾讯、百度等。人工智能创新生态包括纵向的数据平台、开源算法、计算芯片、基础软件、图形处理器等技术生态系统和横向的智能制造、智能医疗、智能安防、智能零售、智能家居等商业和应用生态系统。目前智能科技时代的信息产业格局还没有形成垄断，因此全球科技产业巨头都在积极推动人工智能技术生态的研发布局，全力抢占人工智能相关产业的制高点。

人工智能的社会影响日益凸显。一方面，人工智能作为新一轮科技革命和产业变革的核心力量，正在推动传统产业升级换代，驱动"无人经济"快速发展，在智能交通、智能家居、智能医疗等民生领域产生积极正面影响。另一方面，个人信息和隐私保护、人工智能创作内容的知识产权、人工智能系统可能存在的歧视和偏见、无人驾驶系统的交通法规、脑机接口和人机共生的科技伦理等问题已经显现出来，需要抓紧提供解决方案。

趋势与展望

经过 60 多年的发展，人工智能在算法、算力（计算能力）和算料（数据）等"三算"方面取得了重要突破，正处于从"不能用"到"可以用"的技术拐点，但是距离"很好用"还有诸多瓶颈。那么在可以预见的未来，人工智能发展将会出现怎样的趋势与特征呢？

从专用智能向通用智能发展。如何实现从专用人工智能向通用人工智能的跨越式发展，既是下一代人工智能发展的必然趋势，也是研究与应用领域的重大挑战。2016 年 10 月，美国国家科学技术委员会发布《国家人工智能研究与发展战略计划》，提出在美国的人工智能中长期发展策略中要着重研究通用人工智能。阿尔法狗系统开发团队创始人戴密斯·哈萨比斯提出朝着"创造解决世界上一切问题的通用人工智能"这一目标前进。微软在 2017 年成立了通用人工智能实验室，众多感知、学习、推理、自然语言理解等方面的科学家参与其中。

从人工智能向人机混合智能发展。借鉴脑科学和认知科学的研究成果是人工智能的一个重要研究方向。人机混合智能旨在将人的作用或认知模型引入到人工智能系统中，提升人工智能系统的性能，使人工智能成为人类智能的自然延伸和拓展，通过人机协同更加高效地解决复杂问题。在我国新一代人工智能规划和美国脑计划中，人机混合智能都是重要的研发方向。

从"人工 + 智能"向自主智能系统发展。当前人工智能领域的大量研究集中在深度学习，但是深度学习的局限是需要大量人工干预，比如人工设计深度神经网络模型、人工设定应用场景、人工采集和标注大量训练数据、用户需要人工适配智能系统等，非常费时费力。因此，科研人员开始关注减少人工干预的自主智能方法，提高机器智能对环境的自主学习能力。例如阿尔法狗系统的后续版本阿尔法元从零开始，通过自我对弈强化学习实现围棋、国际象棋、日本将棋的"通用棋类人工智能"。在人工智能系统的自动化设计方面，2017 年谷歌提出的自动化学习系统（AutoML）试图通过自动创建机器学习系统降低人员成本。

人工智能将加速与其他学科领域交叉渗透。人工智能本身是一门综合性的前沿学科和高度交叉的复合型学科，研究范畴广泛而又异常复杂，其发展需要与计算机科学、数学、认知科学、神经科学和社会科学等学科深度融合。随着超分辨率光学成像、光遗传学调控、透明脑、体细胞克隆等技术的突破，脑与认知科学的发展开启了新时代，能够大规模、更精细解析智力的神经环路基础和机制，人工智能将进入生物启发的智能阶段，依赖于生物学、脑科学、生命科学和心理学等学科的发现，将机理变为可计算的模型，同时人工智能也会促进脑科学、认知科学、生命科学甚至化学、物理、天文学等传统科学的发展。

人工智能产业将蓬勃发展。随着人工智能技术的进一步成熟以及政府和产业界投入的日益增长，人工智能应用的云端化将不断加速，全球人工智能产业规模在未来 10 年将进入高速增长期。例如，2016 年 9 月，咨询公司埃森哲发布报告指出，人工智能技术的应用将为经济发展注入新动力，可在现有基础上将劳动生产率提高 40%；到 2035 年，美、日、英、德、法等 12 个发达国家的年均经济增长率可以翻一番。2018 年麦肯锡公司的研究报告预测，到 2030 年，约 70% 的公司将采用至少一种形式的人工智能，人工智能新增经济规模将达到 13 万亿美元。

人工智能将推动人类进入普惠型智能社会。"人工智能+X"的创新模式将随着技术和产业的发展日趋成熟，对生产力和产业结构产生革命性影响，并推动人类进入普惠型智能社会。2017 年国际数据公司 IDC 在《信息流引领人工智能新时代》白皮书中指出，未来 5 年人工智能将提升各行业运转效率。我国经济社会转型升级对人工智能有重大需求，在消费场景和行业应用的需求牵引下，需要打破人工智能的感知瓶颈、交互瓶颈和决策瓶颈，促进人工智能技术与社会各行各业的融合提升，建设若干标杆性的应用场景创新，实现低成本、高效益、广范围的普惠型智能社会。

人工智能领域的国际竞争将日益激烈。当前，人工智能领域的国际竞赛已经拉开帷幕，并且将日趋白热化。2018年4月，欧盟委员会计划2018—2020年在人工智能领域投资240亿美元；法国总统在2018年5月宣布《法国人工智能战略》，目的是迎接人工智能发展的新时代，使法国成为人工智能强国；2018年6月，日本《未来投资战略2018》重点推动物联网建设和人工智能的应用。世界军事强国也已逐步形成以加速发展智能化武器装备为核心的竞争态势，例如美国特朗普政府发布的首份《国防战略》报告即谋求通过人工智能等技术创新保持军事优势，确保美国打赢未来战争；俄罗斯2017年提出军工拥抱"智能化"，让导弹和无人机这样的"传统"兵器威力倍增。

人工智能的社会学将提上议程。为了确保人工智能的健康可持续发展，使其发展成果造福于民，需要从社会学的角度系统全面地研究人工智能对人类社会的影响，制定完善人工智能法律法规，规避可能的风险。2017年9月，联合国犯罪和司法研究所（UNICRI）决定在海牙成立第一个联合国人工智能和机器人中心，规范人工智能的发展。美国白宫多次组织人工智能领域法律法规问题的研讨会、咨询会。特斯拉等产业巨头牵头成立OpenAI等机构，旨在"以有利于整个人类的方式促进和发展友好的人工智能"。

态势与思考

当前，我国人工智能发展的总体态势良好。但是我们也要清醒看到，我国人工智能发展存在过热和泡沫化风险，特别在基础研究、技术体系、应用生态、创新人才、法律规范等方面仍然存在不少值得重视的问题。总体而言，我国人工智能发展现状可以用"高度重视，态势喜人，差距不小，前景看好"来概括。

高度重视。党中央、国务院高度重视并大力支持发展人工智能。习近平总书记在党的十九大、2018年两院院士大会、全国网络安全和信息化工作会议、十九届中央政治局第九次集体学习等场合多次强调要加快推进新一代人工智能的发展。2017年7月，国务院发布《新一代人工智能发展规划》，将新一代人工智能放在国家战略层面进行部署，描绘了面向2030年的我国人工智能发展路线图，旨在构筑人工智能先发优势，把握新一轮科技革命战略主动。国家发改委、工信部、科技部、教育部等国家部委和北京、上海、广东、江苏、浙江等地方政府都推出了发展人工智能的鼓励政策。

态势喜人。据清华大学发布的《中国人工智能发展报告2018》统计，我国已成为全球人工智能投融资规模最大的国家，我国人工智能企业在人脸识别、语音识别、安防监控、智能音箱、智能家居等人工智能应用领域处于国际前列。根据2017年爱思唯尔文献数据库统计结果，我国在人工智能领域发表的论文数量已居世界第一。近两年，中国科学院大学、清华大学、北京大学等高校纷纷成立人工智能学院，2015年开始的中国人工智能大会已连续成功召开四届并且规模不断扩大。总体来说，我国人工智能领域的创新创业、教育科研活动非常活跃。

差距不小。目前我国在人工智能前沿理论创新方面总体上尚处于"跟跑"地位，大部分创新偏重于技术应用，在基础研究、原创成果、顶尖人才、技术生态、基础平台、标准规范等方面距离世界领先水平还存在明显差距。在全球人工智能人才700强中，中国虽然入选人数名列第二，但远远低于约占总量一半的美国。2018年市场研究顾问公司Compass Intelligence对全球100多家人工智能计算芯片企业进行了排名，我国没有一家企业进入前十。另外，我国人工智能开源社区和技术生态布局相对滞后，技术平台建设力度有待加强，国际影响力有待提高。我国参与制定人工智能国际标准的积极性和力度不够，国内标准制定和实施也较为滞后。我国对人工智能可能产生的社会影响还缺少深度分析，制定完善人工智能相关法律法规的进程需要加快。

前景看好。我国发展人工智能具有市场规模、应用场景、数据资源、人力资源、智能手机普及、资金投入、国家政策支持等多方面的综合优势，人工智能发展前景看好。全球顶尖管理咨询公司埃森哲于 2017 年发布的《人工智能：助力中国经济增长》报告显示，到 2035 年人工智能有望推动中国劳动生产率提高 27%。我国发布的《新一代人工智能发展规划》提出，到 2030 年人工智能核心产业规模超过 1 万亿元，带动相关产业规模超过 10 万亿元。在我国未来的发展征程中，"智能红利"将有望弥补人口红利的不足。

当前是我国加强人工智能布局、收获人工智能红利、引领智能时代的重大历史机遇期，如何在人工智能蓬勃发展的浪潮中选择好中国路径、抢抓中国机遇、展现中国智慧等，需要深入思考。

树立理性务实的发展理念。任何事物的发展不可能一直处于高位，有高潮必有低谷，这是客观规律。实现机器在任意现实环境的自主智能和通用智能，仍然需要中长期理论和技术积累，并且人工智能对工业、交通、医疗等传统领域的渗透和融合是个长期过程，很难一蹴而就。因此，发展人工智能要充分考虑到人工智能技术的局限性，充分认识到人工智能重塑传统产业的长期性和艰巨性，理性分析人工智能发展需求，理性设定人工智能发展目标，理性选择人工智能发展路径，务实推进人工智能发展举措，只有这样才能确保人工智能健康可持续发展。

重视固本强基的原创研究。人工智能前沿基础理论是人工智能技术突破、行业革新、产业化推进的基石。面临发展的临界点，要想取得最终的话语权，必须在人工智能基础理论和前沿技术方面取得重大突破。我们要按照习近平总书记提出的支持科学家勇闯人工智能科技前沿"无人区"的要求，努力在人工智能发展方向和理论、方法、工具、系统等方面取得变革性、颠覆性突破，形成具有国际影响力的人工智能原创理论体系，为构建我国自主可控的人工智能技术创新生态提供领先跨越的理论支撑。

构建自主可控的创新生态。我国人工智能开源社区和技术创新生态布局相对滞后，技术平台建设力度有待加强。我们要以问题为导向，主攻关键核心技术，加快建立新一代人工智能关键共性技术体系，全面增强人工智能科技创新能力，确保人工智能关键核心技术牢牢掌握在自己手里。要着力防范人工智能时代"空心化"风险，系统布局并重点发展人工智能领域的"新核高基"："新"指新型开放创新生态，如产学研融合等；"核"指核心关键技术与器件，如先进机器学习技术、鲁棒模式识别技术、低功耗智能计算芯片等；"高"指高端综合应用系统与平台，如机器学习软硬件平台、大型数据平台等；"基"指具有重大原创意义和技术带动性的基础理论与方法，如脑机接口、类脑智能等。同时，我们要重视人工智能技术标准的建设、产品性能与系统安全的测试。特别是我国在人工智能技术应用方面走在世界前列，在人工智能国际标准制定方面应当掌握话语权，并通过实施标准加速人工智能驱动经济社会转型升级的进程。

推动共担共享的全球治理。目前看，发达国家通过人工智能技术创新掌控了产业链上游资源，难以逾越的技术鸿沟和产业壁垒有可能进一步拉大发达国家和发展中国家的生产力发展水平差距。在发展中国家中，我国有望成为全球人工智能竞争中的领跑者，应布局构建开放共享、质优价廉、普惠全球的人工智能技术和应用平台，配合"一带一路"建设，让"智能红利"助推共建人类命运共同体。

（谭铁牛，中央人民政府驻香港特别行政区联络办公室副主任、中国科学院院士）

来源：《求是》

二、人工智能影响下的社会变革

作为新一轮科技革命和产业变革的核心驱动力，新一代人工智能也将改变世界，推动经济社会各领域从数字化、网络化向智能化加速跃升。

——中国工程院院士　李伯虎

人工智能的革命性影响 ①

今天很感谢有这么个机会来分享一下我的看法。我自己觉得，我们每个人今天不是为不同而不同，进入数据时代以后很重要的事，一个人对问题看法的角度、深度和广度必须是不一样的，只有不一样你才是你。

其实大数据时代最重要的是让每一个人做最好的自己，我最近一直在讲，我说我念高中，从小到大从来没有考过第一名，一个很重要的原因：第一，我知道我当不了第一名；第二，当第一名太累；第三，第一名只有一个，一个班50个人，做个前20名的人其实蛮好的，做最好的自己，做最有特色的自己，所以我们对任何问题的看法，都必须要有不同的角度、不同的深度和不同的广度，我一直坚持这么想。我挺喜欢"世界智能大会"这个词，或者叫智能，因为我们很快进入智能世界。我认为有些词的翻译翻译得不对，"人工智能"这几个字我听起来就很生气，我觉得这是不对的。人把自己看得太高大，把自己过分的提升。

---

① 本文是马云于2017年6月9日在世界智能大会上发表的演讲，略有改动。

大数据这几个字也是有问题。大数据很多人讲，这个"大"误解很大。人家以为大数据就是数据量很大，其实大数据的"大"是大计算的大，大计算加数据称之为大数据。人是有智慧的，机器是讲究智能的，动物是有本能的，这三个东西是不一样的。我们不能够，要记住一点，蒸汽机释放了人的体力，但并没有要求蒸汽机去模仿人的臂力，计算机释放了人的脑力，但是并没有让计算机去按照人脑一样去思考。机器必须要有自己的方式，人类必须要尊重、敬畏机器的智能，机器必须要有自己独特的思考，这是我自己的一些看法。

如果我们用汽车去模仿人类的话，汽车应该是两条腿走路，两条腿走路的汽车永远跑不快。人类在两千年以前就在思考，要是能飞就好了，总是希望自己能够长出翅膀来，但是没有想过，飞机取代了人的飞行和奔跑。所以我们很多问题都要有不同的思考去看问题。我觉得所谓的智能世界，我们不应该让万物像人一样，而是万物要像人一样学习，如果万物都学习人，麻烦就大了，应该是万物要有像人一样的学习的能力。机器是要具备自己的智能，具备自己的学习的方式。所以我自己觉得，人工智能这几个词，Artificial Intelligence 英文翻译过来总有一点误解，使得所有的人都在希望，机器怎么样像人一样去干活。

其实智能世界有三个最主要的要素，第一互联网；第二大数据；第三云计算。互联网首先它是个生产关系，大计算计算能力，云计算是个生产力，而大数据是生产资料，有了生产资料、生产力和生产关系，这三个合在一起才可能。天下没有单独的一台机器是可能智能的。所有的数据基于互联网为基础设施，基于互联网是一个生产关系，基于所有的数据连通，基于强大的计算能力，只有这种可能性，我们才能进入到一个所谓的大的智能世界，智能世界是一个系统性思考而不是单一的东西。所以所谓的人工智能，这个智能不是一个云计算炒完以后炒出来的概念。我们人类进入到智能世界，是因为人类的互联网的发展，产生了大量的数据，大量的数据逼迫我们必须有强大的计算能力，这是一个自然的结果。

所以我自己觉得，今天我们对于人工智能的理解还是非常之幼稚的，就像一百年以前，人类对电的理解非常幼稚，认为电就是个电灯泡，事实上他们没有想到，今天会有电饭煲，有洗衣机，有各种各样的电器，人类会离不开电。所以今天我们对 AI 也好，还是 MI 也好，还是混合智能也好，我们没有清楚的定义，这很正常，有清楚的定义就很不正常了。对未来来讲，我们都是婴幼儿，人类往往会高估自己，做事情成功的人，所谓有一点成就的人特别容易高估自己，像我这样的人往往会以为我看清楚了，其实你根本没看清楚。

所以这是我觉得第一个我想说明的事，今天谈的很多的概念想法，比如人工智能，每个人都可以有不同的观点，然后你要相信你自己的观点，并且以此去坚持。就像我们做电子商务一样，我们不是今天相信，我们是 18 年以前相信，坚持了 18 年才会走到今天，每个人的做法都可以不一样。

第二点，智能时代到底意味着什么？我的理解，智能时代是解决人解决不了的问题，以及了解人不能了解的东西。机器做人能做的事情，我觉得没什么了不起的，机器要做人做不到的事情才了不起。刚才那个机器人在我看来是很愚蠢的，把一个东西推倒让它自己爬起来，两岁的孩子都能做的，人工智能搞了半天还是搞出来的不如人灵活。我们要搞的是，我前段时间发现，很多美国的学者特别是脑外科的专家进入到了人工智能的研究，并且讲出人脑怎么怎么样，机器要向人脑学习，我觉得这是一个悲哀，我们人类对大脑的了解不到 5%，我们希望机器去学 5%，那不是愚蠢吗？所以我个人觉得不要让机器去模仿人类，而让机器去做人做不到的事情。人是造不出另外一个人的，人不要说造不出人类一样聪明的东西，人连蚯蚓都造不出来，所以我自己觉得，我们应该让机器去做人类做不到的东西，让机器去发展自己的智能的力量，尊重机器，敬畏机器。一个巨大的系统的诞生，它会与众不同地做出不一样的东西。

其实数据最可怕的是我了解你像你了解自己一样。人类这么多年来，尤其工业化的发展，到了顶天就是 IT，IT 让人自己越来越强大，IT 让人对外部的了解越来越多。我们人的眼睛是往外看，所以我们看到了月亮，看到了火星，我们天天在考虑是否到其他行星去做点什么事情，其实人类最不了解的还是自己，而大数据有可能解决一个了解自己的问题。人了解自己，我们中国的佛家讲究悟，而真正的大数据把人所有的行为数据聚集起来后，我们对自己才开始有一点点了解。所以有一点是肯定的，未来的机器一定比你更了解你，人类最后了解自己有可能是通过机器来了解的，因为我们的眼睛是往外看的，IT 是往外看的，但是 DT 是往内看的，往内走才是有很大的差异。

至于前段时间比较热门的 AlphaGo，人跟机器下围棋，我认为这是个悲剧，围棋是人类研究出去自己玩的东西，人要跟机器比围棋谁下的好，就像人要跟汽车比谁跑得快，这不是自己找没趣嘛，它一定比你跑得快。围棋是为人类的乐趣去学的，人跟机器下棋，等对方下两步不臭棋，但是它的脑子算得比你快，记忆比你好，还不会有情绪，你怎么搞的过他，技术是一样的。所以我认为 AlphaGo1.0 和 AlphaGo2.0 比才可以有意义，人要跟机器比谁快没有意义。围棋的下法东西方有很大的差异，西方人把这个比赛叫作国际象棋，我把你的"王"吃掉"后"吃掉你就输了，一输百输，就是0和1之间的游戏。而中国的游戏好处是共存，你最多比我赢三分之二，四分之三，这就是巨大的乐趣所在，中间的布局，格局，乐趣如果取消了，人家就会失去自信。所以我认为从一百年以后来看，人类会为自己的天真和幼稚感到笑话，这些我觉得应该鼓鼓掌很好，但是又怎么样呢？不解决什么问题，只是羞辱了一下人类的智商而已。其实人类自己在羞辱自己，干嘛跟机器比这些。尽管很多围棋高手并不以为然，所以没关系，允许不同的观点。

包括有一些像城市大脑，我就觉得智慧城市首先要有一个城市大脑，对城市的交通、安防、医疗、保险所有这些东西，人脑是做不出来的，按照人脑设计一个城市大脑基本是瞎扯，所以一定要走不同的路，以原来的系统和体系能够方便更大的决策。

第三智能会给我们带来什么？喜欢的人看起来都好，不喜欢的人看起来都是问题，这是我们人类的本性，我要喜欢他，我看他什么都能接受，我要讨厌他，哪怕他笑一笑我都很讨厌。对于智能社会也一样，有很多人特喜欢，也有很多人反对，反对的人总能提出很多威胁的理论，支持的人总能找出各种理由，说这是未来，这是趋势。我自己觉得，这些东西你没办法停止它，你只能拥抱它，改变自己适应它。我们不能改变未来，那就学会改变自己，我认为人工智能你是改变不了的，这是一个巨大的趋势，你只能改变自己。对于未来来讲，三十年或人工智能对人类的冲击一定是非常之大，而且一定会非常疼痛，任何高科技五十年之后，带来好处的同时也会带来了坏处，有好一定有坏。互联网带来好处也一定会带来很多社会治理的问题。我们天天想人活得长一些，我告诉大家，将来由于大数据和计算能力的提升，人将会活的越来越长，这是好事坏事我不知道，各位专家应该比我懂。人类在平均年龄只有二十岁的时候，我们只有七八亿人口，人均年龄到了四五十岁的时候，到了20亿人口，现在人均年龄到了六七十岁的时候，人类的人口已经到了76亿。请问，如果人均年龄到了一百岁的话，想象这个世界该有多少人？我们该怎么解决这些问题？

现在70多亿人，我们已经觉得地球的资源不够了，如果到了人均年龄一百岁，出现两百多亿人口的时候，我们这个世界会往哪儿去？当然有一点是肯定的，这个世界有一个程序设计，我们人类还不够智慧摸出这个程序设计。就是人活得长的时候，生育能力会差，会打造的民族人口一定少，所以是有一个程序在里面的。

所以我就觉得，所谓疼痛，就是将来很多工作可能会没有。我小时候我爸总是说，马云你必须要有一技之长，我们那个时候讲究学会一技之长可以防身，走遍天下都不怕。而我认为应该啥都懂一点，能把各种边儿上的东西都串起来。我要告诉大家，一技防身二十年以后你是无计可施，你不改变自己，将来都不知道自己能干什么。所以就业的迭代，大批的就业没有很正常…早做准备，你今天的专业技能活儿可能三十年以后都没有了。现在大数据很厉害，所以数据技术的分析师很重要，我告诉大家，大数据要靠人分析基本就完了，这个行业以后就没有，一定是计算机进行分析。所以我们讲，刚刚开始出来铁路的时候，人人讨厌，那些挑夫就业的人没有了，但是铁路出来了以后，至少增加了两百多万的铁路工人，这些东西都是产业之间的一种变革。另外一点我也想，无人机，无人汽车，无人驾驶出来后，大批的司机可能就没有了，不是说就业没有了，每次技术革命都会诞生很多新的就业，只是人类要去做更多有价值的东西，做人类应该做的事情而不是做机器要做的事情。过去几百年，工业的发展，人类让工业做了很多人类做的事情，我们觉得很轻松，但是人从来没找到什么可以是自己做得最好最舒服的东西，我自己觉得，对就业需要有新的价值的发现，对就业要有价值的判断，这是我们要解决的。有一点是肯定的，三十年、五十年以后的就业一定比今天多，工资一定会比今天好，但是未必是你，如果你不改变，你就没机会。

所以我们这代人还算比较幸运，但是我们的孩子如果不改变，麻烦就大了，而改变孩子在中国这样的社会，我们父母还是有很大的决定权。

还有我经常讲，过去的工业化我们把人变成了机器，未来的数据化，我们会把机器变成人，机器会越来越聪明，未来的所谓的程序化的工作，技术化的工作，都会变得越来越麻烦。我这么觉得，未来的社会应该想办法让人活的更像个人，机器更像机器，这样才是我们应该要有的社会。

所以我自己觉得教育也一样，我最近在搞一些教育的试点，我在教育里不必让你当第一名，就做最好的自己。每个人性格都不一样，成为最好的自己才是我们应该努力的方向。大家担心这样的话我们就业怎么办，工作怎么办，我觉得三十年五十年以内，出现每天工作四个小时，一个礼拜工作三天非常正常。但是你会觉得一天工作四个小时，一个礼拜工作三天你还是很忙，你觉得休假还不够，就像我们爷爷是一天工作16个小时在田里挖地觉得很忙，我们一天工作八个小时，一个礼拜休息两天只工作五天我们总觉得不够。以前我们在农业时代我们可能一辈子只去三个地方，到了工业时代去三十个地方，到了数据时代我们一辈子可能去三百个地方或者三千个地方，人永远在路上。所以这个世界的变革和机会是远远超过你的想象，所以这些不管你愿不愿意接不接受讲未来你也没法证明，只能以后书上可以证明。没有想象力，人和机器有什么区别。

另外一点我觉得对中国而言，毫无疑问是巨大的机会，我是坚信换道超车，我不太相信弯道超车。弯道超车十超九翻车，那种概率太低，就别乱想，我们应该在不同的道上进行竞争。由于我们在不同的道上竞争，才会有今天中国整个互联网的发展。中国整个 IT 技术太差，才会导致中国的电话太差，传统的电话实在太差，导致移动互联网迅速崛起，中国传统的 IT 的基础设施太差，才会有可能进入互联网和大数据，中国原来的商业的零售环境太差，才有电子商务，中国原来的金融体系太不好，才会有互联网金融。所以不好是一个机会，关键是你怎么样在不好的过程中寻找机会。

另外一个，机器智能和人工智能发展的前提是海量数据，中国的独特的国家优势，我们以前的基础设施的优势反而发挥了巨大的作用。中国还没有出现大量的所谓的信息垄断和数据垄断。所谓的信息垄断现在都在政府机构里面，因为它拥有你没有的东西，而信息是数据的最大的敌人，因为信息是让我自己强，我有你没有我才可以做得好，我才可以做的很强。所以 ITN 会造成垄断，而 DT 是信息流通起来，什么东西是不流通的就是信息。有人说要防范今天的数据垄断，太幼稚了，今天的数据跟物联网十年以后的数据来讲什么都不是，我一直觉得最大的麻烦是，中国是最早发明四大发明的国家，但是我们四大发明的应用，我说了很多遍，但是还是不断地讲，指南针是我们发明的，人家拿去做航海，我们去算命和看风水为主了。火药是我们发明的，我们做鞭炮，人家做了枪炮。航母也是我们最早想出来的，三国赤壁大战把船连起来是最早的航母思想，一把火烧了以后谁都不能再碰了。其实我觉得犯错误创新都很正常，但是我们不能把自己锁在那儿。所谓的数据垄断在今天来讲为时过早，25年以前，大家能够想象互联网是今天这个样子吗，25年以前互联网的定义和今天是一样的定义吗？我自己这么觉得，数据的时代才刚刚开始，连零头都没有到，中国是有机会走出一条独特之路。我特别不喜欢，很多今天的科技人员特别是写论文为主的科技人员讲美国做了这事情，所以我们必须做这个事情，我们填补了中国在这个科技领域的空白，干嘛要去填补这些空白，应该填补未来的空白。

我们中美之间的比较没有多大意义，美国有了我必须有一个吗？我们要为未来定标准，而不是以杂志定标准，更不是以美国有了这个东西，所以我们必须得有。所以其实多花一点时间在客户上、在未来上，比多花一些时间在竞争对手上要来的更为重要。

今天大家都是起跑，未来的竞技如果把它讲作一万米的跑步的话，大家都是跑了十米左右，别看边上就是你的竞争对手，跑三千米后你才知道谁是对手，去看前面更高的高手，我不是看百度或者腾讯，我们应该看谷歌走到哪里，IBM走到哪里了，看看世界的，甚至更应该看的是未来，客户，我们的孩子们会碰上什么问题，我们去解决它。所以我认为中国有这个能力，也应该有这个担当。中美之间任何的对抗没有意义，中美之间联合起来解决问题才是有意义的事情。跟脸书跟谷歌联合起来解决一个人类的问题，这才应该是这个世界应该倡导的问题，而不是说他有我也要有，我要把它干倒，这个时代已经过去了。

下一个问题，我们探讨一下如何做好准备。我觉得数据时代的到来，冲击的是我们这帮人，今天在座的30岁以上的人，你要改也有点难度，你的地位未来二三十年只会摇晃、疼痛，但是我们不能让我们的孩子去承担。最重要的是我们必须进行教育的改革，坏事是这个冲击一定会来，好事是还给我们留下了点时间。还有一个好事是，我们大家面对的挑战是一样的，也不是说他有这个挑战我没有这个挑战，全人类的挑战都是这个挑战，全人类的机会都是一样的机会。所以我自己觉得，我们要重新认定，重新思考我们的教育的方式。刚才维克托·迈尔·舍恩伯格讲的我非常同意，我们对教育得重新改革一下，过去的两百年人类追求科技的发展，相当之了不起，但是两三百年以前，人类追求智慧的发展，文化的发展，价值观的发展是相当的了不起，追求科学技术的发展，让人类取得了长足的进步，但我个人认为，也是反对，科学不是真理，科学是用来证明真理的，对未来和对宇宙来讲，今天的科学还是个婴幼儿，我们应该思考未来我们到底应该怎么做。从教育来讲，过去两三百年知识积累的教育，让人类取得了巨大的红利，但是未来知识会让机器越来越聪明，什么是聪明，就是记性比你好，算术比你快，体力还比你强，这三样东西人类跟机器无法比，电脑从来都算的比你快，记忆不会忘掉，插上电会一直工作。我们孩子如果今天的教育依然围绕着孩子的数学算的快，背书背的好可能就麻烦了，但是我们没有说要放弃，中国要思考教和育是两回事，教让人具备知识，育让人成为真正的人，育让我们与众不同，可以活得更好。

所以未来的一百年是智慧的时代，而智慧的时代我认为是体验的时代，是服务的时代，机器将会取代我们过去两百多年以来的技术和科技为积累的一些东西。所以希望大家去思考一下，对我们的孩子，我们应该花一些什么样的精力和时间，让他们以不同的方式学习，让他们学习不同的东西。

经常有孩子，几年前孩子的父母来问我，马云你看学这个科好不好，我孩子考大学了，学了这个以后能找到工作吗？以前能够判断十年后这

二、人工智能影响下的社会变革

个行业行不行，现在很难判断，我们以前的教育体制永远是希望你成为最好的学生，我认为我们要让这些孩子做最好的人，人与机器间未来的竞争就是人是有智慧的，机器只能是智能。

另外教育我希望我们多花点精力在价值观上，因为创意、创新、创造这些机器还是有很大的难度的。所以我是坚定地希望，未来的孩子请多花点时间在琴棋书画上，音乐让孩子能够产生智慧的源泉，下棋让孩子懂得格局布局舍和得，书和写字懂得执着和坚持，画才会有想象力。培养创新能力和想象力和好奇心，是这些孩子们必须未来具备的生存的条件，如果我们的孩子丧失了创新力，创造力，好奇心，那一定人类会输给机器，因为我们最怕的不是机器学人，我们最怕的是我们的教育让人都开始学机器的时候，这个时代这个世界才真正危险。

下一个问题想谈的是关于创新。创新的主体是企业，就拿我们公司来讲，我们做人工智能的研究和应用，已经十多年了，从支付宝第一天诞生的时候，我们就用机器去学习什么是犯罪行为，因为支付宝里面骗钱的人太多了，每天各种各样诈骗的问题。但是就从骗钱的角度讲，再聪明的骗子想出十个骗的方法，这个人已经是顶尖骗子了，一般的人想出两三个骗子方法那已经也算不错了，我们让机器可以学会两万，三万个骗术。我们请了一大批刑警，刑事专家，让他们懂得什么是诈骗犯，而机器学的更快，从来不会忘记，24 小时不下班，盯的非常牢，有人一上来机器马上发现立刻抓住，第二次学会再告诉机器，所以我们十多年下来支付宝到今天为止没有一分钱的差错，这是普通银行不可能做得到的事情，我们也并没有觉得这个是多了不起的事情。到今天有人把它说得很了不起的时候，我们觉得也许我们还真的很了不起，我们不是因为科学需要这个而是因为我们不解决这个课题，我们公司明天就关门了，这个是市场的需求，没有市场这个需求是不可能做到的，而且 Artificial Intelligence 最大的应用是防止犯罪。大家知道吗，你爱一个人是没有逻辑的，我爱他，我喜欢他，我愿意为他做任何事情是没有逻辑的，但是你恨一个人，你要想搞一个人，你一定是有逻辑的，为什么恨他，该怎么害他一二三四，只要有逻辑的事情机器都会抓住，这个就是巨大的差异，这些差异我认为在院里很难搞出来的。

今天有很多院士在，我们老工程院的副院长、院长也在这儿，企业里的科学家有一些院士的身份，对中国科技进步是有帮助的。我们的院士不能都是在院所大学里，都很重要，但是作为第一线的士兵们，第一线的人，应该要有这样的能力，我认为就像人工数据这些东西，不是科研院所出来的，尽管理论上是这样，但是走的未来还是这些东西。所以请大家考虑一下，并支持一下我这样的建议和倡议。当然我是从来没有想过能够当院士，我也当不上什么院士，自己家里当当蛮好。

最后我们应该做好这样的准备，教育的准备，创新机制的准备，我们要重新定义聪明也很重要，如果我们的聪明是昨天的定义这样的聪明，我告诉你，机器会彻底把你全部颠覆掉，人类会越来越沮丧。这个沮丧就像 AlphaGo 把人类围棋下败了，我认为都不值得沮丧的事，搞的那么多人都那么沮丧，所以这个沮丧才刚刚开始。所以我们必须重新，没有人没有任何事能够阻碍大数据互联网，就像一百年以前，没有任何一个行业能够拔掉电一样，这是一个社会的趋势，人类必须为这个做充分的思想准备，知识爆炸很厉害，但是我觉得两千多年来，人类知识的叠加水平是超越了一切，但是人类的智慧并没有增长。我现在看看，我们的儒家的孔子、道家的老子，佛家的释迦牟尼，基督教的耶稣，这些人的智慧我们还是不如人家，觉得还是有道。智慧两千多年来并没有巨大的进步，所以人类在智慧上面我个人觉得，智慧是靠体验，知识是可以学来的，智慧一定是靠体验，教和育不一样，学和习不一样，学可以获得知识，习可以让你得到智慧，让只有被电刺激过以后才知道电是很厉害的。所以什么叫作聪明和智慧？聪明的人知道自己要什么，智慧的人知道自己不要什么，这个世界有太多的聪明人，我们在座的绝大部分人问一下你要什么，你可能说我要钱要房子什么都能说得出来，但是你不要什么，5分钟都说不出来，这就是它们的差异。我们人类一定要明白，什么事情是人类做的到机器却做不到，什么是机器做得到。人类没有必要害怕机器，机器是不可能取代人类的。说一百年以内，有个西方杂志讲，从现在开始的一百年，机器将比人聪明，我告诉大家，人类还是太乐观，机器现在已经比我们聪明，只是你们还不肯承认这点而已。我们要的是不要再出现红旗法案这样的事情，我在任何会上都会呼吁，一个社会的进步不能出现红旗法案。

什么叫红旗法案，一八六几年的时候英国最早发明了汽车，首先去砸汽车的全是马车夫，因为那时候的马车夫是白领工作，是社会的中等收入人群，他们觉得汽车出来了把我们的饭碗砸掉了，并且到议会政府抗议要求把这个东西给不要了，最后政府出了道红旗法案，每辆车必须有三个人，每个人在50米前拿一个红旗，汽车速度不能超过马车，前面有人引道，如果超过了马车，汽车的牌照会被吊销。这三十年的红旗法案，完全阻碍了整个英国汽车工业的发展，德国、美国追了上来，美国发现不错后，美国迅速把自己变成了一个车轮上的国家，美国既然是车轮上的国家，又把握了另外以石油为主的大的一次技术革命。如果今天的中国已经是一个互联网上的国家，七八亿的人口在上面，我们如果出个法案，每个人都说我们要帮助互联网，但是我们没有把握互联网的特性，没有把握住这些东西，很有可能自觉和不自觉的出很多红旗法案，而且这样的东西会越来越多，人类要有足够的自信，有一点是肯定的，我们人类拥有信仰，机器永远不可能有信仰，而人类失去信仰的时候，人类就不会创新，人类就没有担当。如果失去信仰了以后，你一定比不过机器。所以我自己觉得，我们对文化的自信，信仰的自信只要存在，这个世界还会很有机会的。

所以最后一句，机器不应该成为人的对手，机器和人只有合作在一起才能解决未来，就像竞争对手一样，我们不应该联合对抗，我们应该联合起来对抗人类未来共同的问题，共同的麻烦。商场如战场，商场是你杀了他不等于你能活好，如果天天打对手，你就变成了一个职业杀手，你永远做不好。所以我觉得我们这个国家科技各方面的发展一样，面对未来，面对我们的孩子，面对我们共同的挑战，只有以不同的角度、深度和广度去面对问题，我们才有机会。谢谢大家！

（马云）

人工智能的三个层级与未来经济的四大特征 [1]

2016 年是一个特殊年份，人工智能到 2016 年 60 岁了。当时达特茅斯提出人工智能这个概念，10 位科学家中活得最久的一位马文，他 2016 年 1 月份也去世了。他的一本书，讲科学和艺术的关系。他是一个非常好的钢琴手，全世界比他弹得好的人，两只手掌一定数得过来，因为他小时候是作为一个钢琴天才而不是科技人才去培养的！

你们搞机器智能也好，大数据也好，万物互联也好，也许搞得最好的一个人是懂艺术的一个人。旁边这位是李世石，仅仅过了一个月，马文去世一个月之后，李世石输给了 AlphaGo。在比赛之前，我问团队的人，他们说外界的人都不认为他会赢，李世石也不认为自己会输。在 Google 工作很多年的李开复也认为人能赢，计算机会输，为什么呢？因为觉得围棋这件事太复杂了。所有下围棋的可能性，最后组合数算一下，大概是 10 的 160 次方。这是一个什么概念？一个 1，后面 160 个 0。如

---

① 本文是吴军于 2016 年 11 月 13 日在第二届万物互联创新大会上发表的演讲，略有改动。

果把宇宙中每一个原子再变成一个宇宙，再把这些原子全部数一下，比这个数要小。

今天人工智能发展的水平阶段，我把它分成两层。第一层，弱人工智能，每个人都在用。今天拍个照片，女孩子们美图秀秀修一修，发出去，这是弱人工智能。昨天讲"双十一"又创造了多少营收，其实今天买东西和五年前习惯是不一样的，很多是它推荐给你的，40%营收额是靠推荐来的。这是一种很人工智能的算法，很多人觉得还不够聪明，还放在了弱人工智能方面去。

接下来是有一个强人工智能，有科大讯飞的朋友在这儿。比如计算机能不能理解人类的语言，我刚才特意看了好半天云识别做得怎么样，做得非常好，真是让人感觉非常惊讶的一个进步。这件事，我们在过去觉得特别自豪，这是人能做到的。不仅能够识别，还能翻译。如果愿意把它翻译成英文，我想我们现在不需要同声翻译，直接用计算机翻译过去了，美国人英国人是听得懂的。

它还可以干别的事，比如计算机能回答问题，能写作，在华尔街日报或者是纽约时报，今天大部分和财经类新闻有关的这种报道中，大部分文章是计算机写的，不是人写的。最后一般人复读一下，结论是人下的。下棋就更不用说了，还可以开车，今天外面有一些电动车，不知道有没有人讲无人驾驶汽车，这在中国也是很热门的事情，可以开车。

在美国 Google 的无人驾驶汽车，到现在开了将近 500 万多里，但主动交通事故只出了两起，也就是说它开车的水平要比人其实高很多很多。前两天罗辑思维说开车开不过人，其实不是的，远比人开得好。开飞机就不用说了，还可以看病。机器人看片子会比专家更好，不仅如此，像沃森这样的人工智能计算机，你告诉它三件事，描述一下你的病情，比如肚子疼，给它一个化验结果，再给它你过去病例，就这三件事给它。它已经做到美国医生的平均水平，这还是去年的数据，今年又有一个进步。大概两个月前，它发布一个新的消息，说在疑难病诊断中，它已经超过了人类专家。至于为什么是疑难病反而做得好，普通病做不好，这个留给大家自己去思考。

为什么我们突然醒来发现整个世界就是人工智能的世界，这里有几个重要的原因。第一个原因，大概从 40 年前起，人类找到了一个解决机器智能的方法，然后在几年前，这些方法具备的条件成熟了。这个方法就是说机器获得智能一定是和我们人获得智能不一样。要理解这一点，你就想想鸟的飞行方法和飞机飞行方法的差别就完了。人类最早模拟鸟飞行的时候，胳膊上装两个翅膀。中国古代有一些记载，西方也有，我看西方记载是把鸡翅膀绑在胳膊上。然后从台上往下跳，当然他们是说从树上一跳，然后就摔死了。

这是人最早的认知，你不要笑，你今天觉得这个事很可笑，当时五六十年代的时候他们去想机器智能怎么做，就是这么想的。今天好多科幻小说家还是这么想的，我们好多业余的，包括一些科技爱好者还是想着一件事，想把翅膀绑在人的胳膊上实现机器智能。

怀特兄弟发明飞机时，我们发现飞机翅膀不会震动。我们今天做机器智能就需要掌握它的空气动力学原理，这个动力学原理是什么呢？基本上人工智能大厦有三个重要支柱：

第一是摩尔定律，每 18 个月机器智能性能翻一番，这个是很厉害的。

第二是数据，今天我们要讲契合万物联网这件事，靠数据。

有了数据，中间还要有一个桥梁，就是数学模型。今天当然数学模型有各种形态，深度学习，工具等等。刚才说了人工智能公司在做什么事，其实就是在做数学模型，当然他们两家是做数据的事，背后也做数据模型，这是我们的空气动力学原理。

40年前人类找到这个方法，为什么最近爆发出来了，因为最近数据爆发了。尤其有了移动互联网之后，数据量是非常大的。以前很多数据，其实没有移动互联网、没有收集上传、没法存储，今天这个都变成了一个可能。在过去三年里，人类收集到的数据总和超过人类历史上六千年，从出现文字到现在六千年就有了数据记载。过去三年里，数据量超过了人类六千年的总和。而且按照这个指数速度往上涨，可以预测估计一年半以后，又要翻一番了，差不多是这样子，这是一个非常快的速度。所以在今天来讲，你干任何一件事都要善用数据。

数据怎么收集来的，这就和IoT有关了，实际上今天收集数据要通过各种各样广义上的传感器，传感器可以是一个摄像头，这是广义上的传感器。传感器设备也是一种传感器，我们把它叫作智能设备，无所不在，这是第一个。第二个，今天早上我从酒店开车过来。一路上我们看到一些东西，我们也没太在意，然后主持人提醒我到了阿里巴巴，我看一眼，这是阿里巴巴。这是人类收集数据过去的习惯，你不太在意。但是旁边有一个无人驾驶汽车，它看到的数据，比如说这个旁边有一个加油站，油价是多少，它就记录了。以后将来这个地区的物价变化，这都是一个根据。往右走，多少天前发生了一件抢劫案，这个地区将来是否安全，数据都统计下来了，这是今天和过去数据的不一样。就是有了这些IoT的终端，才导致了有了很多数据，有了很多数据才导致了机器智能时代的到来。

未来时代是一个很好的时代，也是一个很坏的时代，刚才主持人说

2% 的人可能会受益，等下再讲为什么。先讲为什么是很好的时代，是我们有点期望的时代。比如交通问题，杭州的交通，我来的时候看上去还很好。我在北京讲座的时候，每次问他们上下班时间是多少，做一个调查。最后调查结果，他们平均上下班花掉两个半小时，这是一个资源很大的浪费，为什么会是这样的结果。因为我们每一个人出行很随机的，就跟做布朗运动似的，在街上来回跑，互相没有一个协调。

未来的城市是怎么样呢，你可以把整个城市想象成一台超级电脑，你的每一个汽车是超级电脑，是一个终端。它有一个统一优化的交通方式，而且你自己出行的时间和你今天工作安排是相关的，不用每天早上都 9 点钟到办公室。今天会议 11 点钟开始，10 点半去就可以了，你上班就省了一小时。在美国他们做过这个事，在三个大城市，原来出行时间平均是 70 分钟，可以降到 20 分钟。像北京这样的城市两个半小时，你给他省 40 分钟的话是非常可观的一件事，非常大的资源节省。

再往后可能是无人驾驶汽车，无人驾驶汽车有什么好处，甚至红绿灯都不需要了。我看到外面好多小电动汽车，像那些电动汽车都可以连成一排，就像火车似的在路上开，往某个地方去。中间哪个车要拐弯，从这里分出去往前走，省电省油。不仅交通如此，整个社会会变得非常美好，非常安全。比如说我今年夏天去欧洲的时候，他们就反映那儿不太平，因为他们有很多难民。如果他们想恢复到几年前和平的状态，大概需要 3 倍的警力，这件事是做不到的。

以后还可以用无人机巡逻，这些无人机和今天的不一样，它们都很聪明的，摄像头都带着人工智能视觉识别软件，能够识别出每一个可能的坏人。我们现在会议保安不算太严格，我今年夏天在成都参加会议的时候，保安严得不得了，因为他们无法甄别我们每一个人。在未来这个时代，我们每一个人都可以很容易被甄别出来，社会会变得非常安全，这是好的地方。

所有的行业将来都需要使用数据，都是一个数据的公司。举几个和IT关系比较远的例子，比如说有一件黑的衣服可以加工，意大利的一个服装品牌普拉达，高端的服装公司。我们这儿的人有多少偶尔去一下服装精品店的，你去那儿的时候根本不知道为什么这件衣服放在前面，这件衣服放在旁边，哪件衣服卖得怎么样，反正你这么去就看了。有的时候你觉得摆得不合理，但是谁也不知道摆放的合理方法。摆放对销售很重要，当然服装设计更重要。但以前大家不知道怎么来进行摆放，因为过去很多东西都是单向的。前两天讲到美国大学的一件事，全部的媒体都傻了，为什么呢？因为它发出去一个新闻之后，它根本不知道最后产生了一个什么结果，最后这个结果完全发现不了。

过去做精品时装就是这样的，在北京的时候，我和香奈儿开店的人聊过。我说你这个为什么这么设计，他说你知道吗，为了开这家新的店，1:1的模型做了很多。我说为什么要这么做，他说不知道，巴黎来了一个人说这么一摆比较好，然后有一些市场调查数据。我说最后能不能验证它好，没法验证，这是过去一种商业的形态。后来怎么做的，普拉达怎么做的，它在十几年前琢磨这件事。

举个例子，我们在前面放了几件衣裳，看上去很漂亮。然后就有顾客拿着衣服去试，试完了没有买，你可能知道这里衣裳有一些设计的问题。但也许你放在那儿，她试都不试，也没有买，这两个有什么差别呢。第一个差别，模特穿起来很好看，但是到了东方以后可能不合适。第二个差别，设计本身就有问题，虽然你放在前面但也没有人买，这些问题没有人知道。普拉达把衣裳标签改了，改成 IFD，跟踪这件衣裳每次走动和试穿，把试衣间也改了。它知道哪些衣服是大家看了不去试，哪些衣服是大家试了没有买。

前几年它做了一个更新的事，把试衣间也改了，有一些传感器，和 IoT 有关的。你穿这件衣服，不知道男士有没有陪女士去买过衣服，会有这个问题。一看说这件小了，拿一件大的；红的不合适换绿的，这个效率很低的。它在这里能够感知穿上去有点紧，大一号之后在序列屏幕上看看我穿上去是什么样。或者反过来，或者一个颜色，因为方便性，所以你购买意愿就强很多。像这样一个传统企业，我们认为传统企业营业额上涨是很慢的，互联网企业上涨是很快的。在过去十年里，营业额涨了 5 倍，这是很可观的，普拉达也是高端的品牌。

第二个例子，风力发电。中国风能产能是非常大的，这些发电机卖到世界各地去用怎么样，都不知道。中国有一家风力发动机，占全世界市场份额第二名，就是不挣钱，它也不知道怎么能够改进。过去想象都是改进技术这些东西，后来我就问他，这些专利发电机卖到世界各地去怎么样，谁用，谁用得多，谁用得少；哪些坏了，哪些需要维修，他都不知道。因为这些东西一旦卖到德国去，巴西去，当地工程商就承包过去了，这些数据他都不知道。

他就跟踪这些数据，他就在上面装了传感器，WIFI 信号传回来。他装了好多传感器监控叶片的老化程度，看是不是需要换，需不需要维护。过了一段时间他告诉我，全世界的风力，他绘制了一张图。就像刚才两位老师说的把专利的事拿出来，全世界的专利可以画一张关于科技的图。他也一样，他把风力的图就画出来了，因为他把数据收集上来了。以后他就知道巴西卖过去的发动机根本转不了两下子，德国那边的风力强，覆盖率不够，就知道市场怎么做了。

又过了一段时间，他又来找，我后来和他聊了一些商业模式的变化。他说吴总，听了你的话把商业模式也改了，学 IBM，现在不生产风力发电机了。中国那么大的产能过剩，就让下面的企业生产，我只做服务。为什么呢？我有了他们全部的数据，只做服务，现在利润率好得不得了。这就是在用大数据的思维方式，机器智能思维方式，要换一个脑筋。我们有时候老在抱怨制造业怎么寻找出路，这就是出路。

讲回到万物互联，先要讲第一代互联网。第一代互联网是机器和机器的联网，在那个时代你即使用互联网，你的人也就是在某一段时间通过计算机连到网上，大部分时候你不在互联网上。而且计算机是找 IP 地址，那是当时的一个特点。每个时代有每一个时代的产业结构和它的生态环境，那是一个什么产业结构呢？每年出货是几亿台，PC 机。我忘了是 2011 年还是 2012 年，这个到了顶点，PC 出不来了，然后就往下滑了。用的处理器是英特尔，然后 Windows 的操作系统，这是当时的生态环境。

到了第二代互联网，人和人的联网，移动互联网。前一阵马化腾说第一代互联网不算数，第二代才算数，不能这么说。不能说内燃机汽车不是汽车，电动汽车才是汽车，先纠正一下他这个话是错误的。第二代是人和人的联网，我们手机扫一下微信，不是为了说这台手机跟你这台手机联上，这没有半点意义。是说我这个人要和你这个人联上。而且这就带来一个好处，你随时随刻被挂在互联网上。你过去下了班离开计算机，无论是开车还是坐地铁回家都不在互联网上。你有一些应酬也好，回家辅导孩子也好也不在互联网上，晚上 10 点钟回去之后查邮件，你才在互联网，今天你是随时随地在互联网上，所以这也是数据量为什么这么大的原因。

终端的出货量十几亿台，非常大。但是它有一个新的机会，旧的这批企业从事新的活动，往往不如新的企业来得好。处理器不再是英特尔的，因为英特尔在 PC 的时候追求速度，在节能方面不行，体积也大。ARM 的 CPU，不管是苹果也好，高通也好，华为也好，其实都是英国 ARM 公司设计的。操作系统也换了，主要是谷歌和安卓，还有苹果，PC 时代也有苹果，苹果永远是一个高端窄带的市场。就像我说的，假设把一个生态环境变成一条鱼，一般人是横着吃，苹果是竖着吃，但是一条带鱼就整吞了。

第三代互联网，万物互联网。它的机会在哪里，前一阵深圳有朋友跟我说，深圳将来是有机会的，我说为什么呢？他说有很多生产 IoT 设备的公司，我说那没用，都是给人打工的。你可以想象第一代互联网时谁真正赚便宜，苹果和英特尔，剩下都是打酱油。第二代是 ARM，或者是高通那几家公司，然后是 Google。第三代，先说出货量，市场大得不得了，乐观的估计万亿，已经不是涨了 10 倍的，最保守估计涨了 50 倍。认为涨 50 倍到上千倍，是这样一个量级。因为它的设备很小，像风力发电机上每一个叶片上几个传感器，这也是一个设备。

前一阵子华为在英国买了一家公司，连处理器带解决方案一套，也很便宜。硅谷公司相比中国的公司真是很便宜，3 千万英镑，整个一套全买下来了。比如做智能水表，这个处理器就可以做到说十年换一次电池，水表基本上完蛋了，就扔了，这是将来的一个解决方案。你的可穿戴设备通过你的手机在联，即使你的手表今天都互相不能联，必须要通过手机。这个情况将来肯定不会是这样，不可能今天用手机似的要通过 PC 机或者 WIFI 去联，这是不可能的事。

在未来，谁要是把操作系统问题解决了，谁就是下一个 Google 和微软。谁要是把处理器问题解决好了，你就是下一个英特尔和高通，这是我们讲未来万物联网一个大格局，大前景。

未来这个时代是一个什么时代，我讲四点。未来经济的特点，分享、跟踪、合作、众筹。

第一，分享经济，大家已经享受到了，比较容易。比如说滴滴打车也好，Airbnb 也好，美国的 Uber 也好，等等都是一个分享。分享最重要的核心是什么，在现在这样一个时代，连接比拥有更重要，大家记住这个。什么意思？滴滴不拥有一辆汽车，但是它的规模比任何一家出租车公司都要大很多。可以看出我们有两种新一代经营出租车办法，一个是神州租车，它依然是一个拥有的概念。一个是滴滴，滴滴是连接的概念。哪个做得好，大家可以自己看，我觉得滴滴模式是成功的，连接比拥有更重要。

Airbnb 也是，它不拥有一间酒店，但是它比任何一个酒店集团做得都要大，为什么？它拥有连接。你再想得仔细一点，昨天说阿里巴巴多么的疯狂，阿里巴巴不拥有一件商品，它拥有的是什么？人的连接。Google、Facebook 不拥有内容，拥有的是连接，这是分享经济的本质。当然新的经济总有泡沫的，没有关系，泡沫死掉了，好的公司就出来了。

第二是跟踪，在万物联网这个时代，当然还有大数据、人工智能做后台支撑，就有可能跟踪到经济，细到说每一笔交易，每一个人，每一个很细节的地方。这是一家美国的公司，它找我融资，跟我讲了一个项目。他发现什么现象呢，他经过一年多的调研发现一个现象。就是美国的酒吧差不多有 1/4 的酒是被偷喝掉的，比如说涂总是我的朋友，今天老板进了一瓶路易十三，涂总没有看见就倒了一杯喝掉。或者涂总是老板，刚进了青岛啤酒，他回家接孩子去了，就被偷喝掉 1/4 的酒。现在他把酒架改掉了，每个酒瓶上有传感器，酒架可以称重。谁在几点几分倒了酒，精细到每一笔交易。涂总开会或者接孩子去了，在平板电脑上一看，今天所有的酒店经营一目了然，回头一对账就知道了我们两个偷喝酒了。这是一个简单的例子，说明什么？跟踪经济是未来的一个重要性。

第三，合作经济。去年万物互联，我们搞了一个"双创"，哪个是大众，哪个是万众，我也搞不清楚。双创，失败了一大堆，为什么失败了，因为他总想着颠覆这件事，世界上大部分时候是合作不是颠覆。用我的话说，任何一次技术革命的模式都是原有产业加上新技术，等于新产业。你不要告诉我说有个新技术，颠覆原有产业，你是做不到这一点的。

举个最简单例子，第一次工业革命的时候，第一批受益的人是谁呢，发明蒸汽机的瓦特受益了。还有一个受益的人，他的朋友维奇伍格，英国一个瓷器大王。他是全世界第一个把蒸汽机用到某一个产业上的，就是用到瓷器制造业。做的还是同样东西，还是瓷器，但是他采用了一个新技术。他不是说从此不用瓷器了，去用金属的碗、盘子，不是这样的。但是一旦他用了新技术以后，出现这么一个情况，全世界生产了近千年的供不应求的瓷器，一下变成供大于求，因为他采用了新技术。所以维奇伍格这个人就成为了第一次工业革命的受益者，这是一个很好的创业模式。这个人还同时是达尔文的亲外公，同时也是达尔文老婆的亲爷爷，自己回家算这个关系去！

第二次工业革命的时候，在那个时代，今天百分之九十几的产业在电出现之前都有了。我们的农业，很多冶金，包括运输，这些东西都有了。但是电的使用改变了一切，一个旧的产业一下子以新的形式出现了，这个产业不变，这个产业还是有的。发电的公司只有两家，不需要每个人都去做发电，但是你用了电，坚持说我用了电，就获得一次提升，这是最关键的。不是说我有了电，再去想一个原来没有的事情，不是这样的。

摩尔定律在第三次信息革命时也是这样的，其实我们大部分是用这个摩尔定律。未来是什么形态，我们说智能时代，你一定记住是原有产业加上机器智能，你就成为新产业。不要说我知道机器智能，自己想出一个什么事情，中国的优势比美国的优势，最大优势是在产业上。恰恰就是有一大堆的这种比较落后的原有产业，美国这些产业叫作"遗产式的产业"已经没有了，中国有。每一个产业，你只要加上智能技术，升一次级，你就得到一个新产业，就是一次机会。

我们发现好多创业成功的人，他是原来传统的企业家二次创业，他的成功率很高。我们大学生脑子里有一些新技术、新想法，对原有的产业不了解，这个东西失败率就非常高。为什么说一开始受益的人就只有2%，是因为说很多人思维方式来不及转变，2%的人不是一个绝对数量，而是针对有些人是自称98%的人。那98%的人，就是他抱着一个旧有的思维方式，不愿意接受新的技术。比如说你是一个秘书，我们在计算机时代，你给领导写稿子要打印了。你说我的书法好，我一定要手写一个稿子给领导看，马上就被淘汰了，这就是2%和98%的人思维方式差异，在未来智能时代也是这样。

最后一个，众筹经济。众筹经济，其实它并不是说要写一本书，或者说涂总要写一本书。每个人能不能给我50块钱，完了之后每个人给一本。不是这样的，它是把整个社会生产制造环节全部改变了。过去企业是怎么生产制造销售的，以前是找钱，设计一个产品，当然我讲得比较简化。生产完了之后去销售，销售之后零售批发，你再收回成本，这是一个很长很长的过程。

未来是什么，最好的例子就是特斯拉，我不知道大家有多少人在这儿订了特斯拉 3 系的汽车。它怎么做的，先众筹，它第一天就订出 10 万辆，第一星期订出 20 万辆，先众筹。众筹完了，这个车什么样子，你还不知道。过一段时间，告诉你过来设计汽车，你就参与设计。设计完了制作出来直接给你了，中间的经销商，各种各样环节全省了。结果效率大幅度提高，利润大幅度提高。为什么能做到这件事，为什么过去做不到这件事。因为过去要做这件事成本太高，你每个人都去要一个定制的东西，成本太高。今天因为机器智能的水平达到这个水平，不是人在那儿给你一个个处理每个人特定的产品，而是机器来做这个。

当然这些事将来和万物互联息息相关的，如果没有这些数据的采集，没有它们之间相互处理，这件事是做不到的。

好了，就给大家讲到这儿。总结一下，未来我们说的万物互联网，或者智能时代经济的几个特点，一个是连接比拥有更重要，然后是分享的经济，合作的经济，用一个众筹的平台。关键的是思维方式的转变，谢谢大家。

（吴军）

智能时代的教育

2017 年，国务院印发《新一代人工智能发展规划》，确立了"三步走"目标，要求到 2030 年，我国成为世界主要人工智能创新中心，这对人才队伍提出了时代呼唤。"规划"指出要完善人工智能教育体系，加强人才储备和梯队建设，形成我国人工智能人才高地。人工智能已经作为时代的标签，贴在人类社会的历史上。

一、普及智能教育是时代的呼唤

2015 年中国工程院咨询项目"中国智能机器人产业人才培养战略研究"分析了中国机器人教育的三个奇缺：教师奇缺、教材奇缺、教具奇缺；分析了机器人教育和教育机器人产业脱节的严重形势，提出要培养大批维修机器人的工匠、在我国特大城市建立智能游乐园、机器人与孩子一同成长、机器人博物馆等诸多应对措施。我们分析，今天的大学本科生就是 2030 年人工智能时代的顶梁柱，所以我们提出，智能时代，教育先行，刻不容缓。

在农耕社会和工业社会，人类的生产工具主要是基于物质和能量的动力工具；今天，劳动工具转向了基于数据、信息、知识、价值和智能的智力工具，人口红利、劳动力红利不那么灵了，智能的红利来了！创新驱动发展成为时代最强音，人工智能成为经济发展的新引擎和社会发展的加速器，教育成为人才红利中的最大红利。而科学技术的发展已经从认识客观世界、改造客观世界拓展到认识人类自身、认识人脑认知的新阶段，从发明动力工具拓展到发明智能工具的新阶段。智能是提升创新驱动发展源头供给能力的时代需求。

1. 人智能则国智，科技强则国强。

科技是第一生产力，创新是第一驱动力，人才是第一资源，这三个"第一"集中到一起就是——创新驱动，智能担当。人工智能是新工业革命的核心驱动力，我们这个星球上要迎来机器人"新人类"，他们有智慧、有个性、有行为能力，甚至还有情感；人工智能给人类带来的影响，将远远超过计算机和互联网在过去几十年间已经对世界造成的改变，也许要重构人类生活、生产、学习和思维的方式。我们已经面临用人工智能去直面解决现实问题的时代。当今，人的智能和人工智能体现的认知力、创造力，成为人类认识世界、改造世界新的切入点，成为先进社会最重要的经济来源！而智能教育不单单是人工智能教育，还有人的智能素质培养，且人的素质和智能产生的大数据，正是研发和训练机器人的素质和智能的前提条件。如今，我国普通高校 2596 所，其中普通本科高校 1237 所。以 2016 年为例，招生 405 万人，在校生 1613 万人，本科毕业生 374 万人，高职毕业生 300 万以上，高校生已经成为我国智力资源的主力军，成为智能经济发展的最强大的发动机，智能教育成为智能经济的重要抓手，教育红利是中国人口红利中的最大红利，是中国 2030 年成为人工智能强国的基础所在。

2.建设人工智能强国，优先发展智能教育。

智能已经提升到国家战略的高度，智能科学与技术，对于经济繁荣、国家安全、人口健康、生态环境和生活质量，对于整个人类社会发展，起到加速器的作用。十九大报告指出，必须把教育事业放在优先位置。实现新时代的国家战略和目标需要高等教育的支撑和引领。由于高等教育与国家经济社会发展的紧密联系，因此，教育强国要先行实现，才能面向新时代、赢得新时代、领跑新时代。归根结底，建设高等教育强国最具标志性的内容就是要培养一流人才。为贯彻落实《国务院关于印发新一代人工智能发展规划的通知》和2017年全国高校科技工作会议精神，引导高校瞄准世界科技前沿，强化基础研究，实现前瞻性基础研究和引领性原创成果的重大突破，进一步提升高校人工智能领域科技创新、人才培养和服务国家需求的能力，教育部于2018年4月发布《高等学校人工智能创新行动计划》，为我国新一代人工智能发展提供战略支撑。

人工智能将重构人类的生活、生产、学习和思维方式，大力发展智能教育迫在眉睫。智能科学技术作为一个学科，我们国家已经把它列为134个专业之一，它不仅是工科门下的一个新学科，更会向所有其他门类和学科渗透。这种润物细无声的渗透，同样可成为当今推动教育改革的核心驱动力。而学科交叉融合是工程科技创新的源泉，

关键核心技术和重大工程创新科技成果的突破大多源于学科交叉。应将美学、逻辑学、伦理学、数学、物理学、生物学、心理学，以及计算机科学与技术、控制理论与工程、神经学多个学科与智能科学或人工智能交叉融合，培养符合"中国制造2025"和创新驱动发展战略需求的大量工程技术人才。

二、人工智能对教育的巨大冲击

智能产业和产品是提升创新驱动发展源头供给能力的时代需求。人工智能对教育本身同样产生了决定性影响，并意义深远。智能时代要求智能教育回归本科。本科不牢、地动山摇。只有回归到本科生的工程教育，才能培养出新工科背景下的高层次人才，服务于社会各行业，保证我国智能科技的领先发展，攀登国际智能科技的高峰。

1. 当前人工智能冲击最大的行业——教育。人脑中的存量知识既有利于发展好奇心和想象力，也会制约想象力和好奇心。人工智能冲击最大的行业是教育。卷积神经网络算法，借助成千上万台的CPU+GPU 服务器架构的超计算能力，通过大量数据样本做混合的大规模深度学习训练，可确定人工神经网络模型中的几十亿个参数，这样制作的智能芯片用于语音识别、人脸识别等获得显著成效，证明了机器智能获取人类已有知识的速度，会远大于生物智能，机智过人。死记硬背，大量做题，机器做得比人好，这是历史的必然，各科高考机器人迟早胜过考生，教书育人遭遇着人工智能的最大挑战。在智能时代，教育的重点是激发学生的创造力，培养未来多元化、创新型卓越工程人才。

当教育已经从传授知识、发明工具、认识和改造客观世界，拓展到人脑自身如何认知、如何再塑造的新阶段，人工智能对教育的挑战就不单是一个学科、一个专业的问题了，而是全新的、全方位、持久过程的挑战了。

人工智能对教育的冲击将是全方位的，具体体现在以下方面：

（1）人工智能对母语教学的冲击。人工智能将对传统的母语教学方式产生冲击，不需要再死记硬背、不需要再按照传统方式写作。学者可以将更多的精力放在创新思路和新思想上，智能机器人可以快速地将作者的创新思路和创新思想表达成符合某个期刊写作规范和要求的文字、自动整理好参考文献，甚至自动帮助作者生成论文摘要。

（2）人工智能对外国语教学的冲击。在传统的教学方式中，中国学生花了大量的时间学习外语，甚至有的学生的主要精力就是在学习外语，从而造成基础数理知识以及专业知识的学习非常薄弱。在人工智能时代，智能翻译机器人可以搞定一切，学生学习外国语时更多地可以是对外语文化的学习和欣赏，背单词、记语法的传统外国语学习方式可以彻底扔掉了。

（3）人工智能对医科教学的冲击。

在人工智能时代，深度学习可以完成医疗影像的识别，胜过人类医生读片；微创手术机器人和医生可以协同和交互；出诊专家系统和语聊机器人普遍应用，许多医疗设备成为了医疗助手。人工智能时代的医疗教学需要更多地加强医科学生与机器人的协同和交互能力的培养，更多地加强深度学习、大数据医疗分析等能力的培养。

（4）人工智能对通识通修课程教育的冲击。

通识通修课程教育是专业教育的基础，只有打牢通识通修课程的"厚基础"，才能更好地培养拔尖创新性人才。智能时代的教育更应加强数学、物理、化学、外语、哲学、新闻、影视、文学、美术、医学、心理学、美学、逻辑学、伦理学、生物学、认知心理学、语言学、应用语言学、教育学等通识通修课程的学习。例如，数学应加强矩阵、线性代数、概率、统计分析、卷积、拓扑等基础知识点的掌握。基础不牢、地动山摇。扎实做好通识通修基础课程的教学，成人教育统领成才教育，这是更好地培养好拔尖创新性人才的基石和前提。

2.智能时代教育本源的重新认识。智能时代，我们需要重新认识教育的本源。教育是知识的累加么？是通过教授传授知识、学生掌握记下知识和知识考核三部分构成么？学生是否可以通过人工智能工具获得知识点？这对我们提出了新的要求。教育的本源是要培养学生主动、积极、持续地获取知识的能力，以及面向特定问题的决策能力和解决复杂问题的创新能力，使之成为具有鉴赏力、判断力和有思想的随时代同行的弄潮儿。

我们可以憧憬人工智能引发的未来高考革命。第一步：考生通过网络对话自己感兴趣的高校和专业，提交个人在中学的学习情况；第二步：被确定为候选人后，机器人与考生进行游戏式交互，全面确认考生具备的学科知识和能力；第三步：考生被在线面试，机器人分析考生的特质和潜力；第四步：考生通过虚拟现实沉浸在该校该专业里学习和生活，畅谈感受。最终系统决定是否录取！

随着慕课、微课、翻转课堂和个性化教学等认知手段的兴起，今后的大学里也许会出现更多的教师代理机器人进行教学，把人类教师逐渐转型为教练！

3.智能教育的现状分析与思考。

（1）脑科学和认知心理学的普及在我国教育中长期缺失。

教育原本就是人脑认知的及时塑造和再塑造。尊重教育规律就是尊重脑发育规律，"三岁看小，七岁看老"，在儿童和青少年脑成长过程中，认知心理学的普及是"第一教育"，是形成"三观"的基础，但是在我国青少年教育乃至成人教育中长期缺失，很为痛惜。

（2）当前高中生智能教育刚刚尝试，当前高职生智能教育呈无序状态。

我们欣喜地看到，人工智能教育已经开始在高中尝试，由华东师范大学慕课中心、商汤科技、上海知名高中优秀教师共同编著的全球第一本人工智能教材《人工智能基础（高中版）》正式发布，华东师范大学第二附属中学、清华大学附属中学、上海市市西中学等40所全国学校成为首批"人工智能教育实验基地学校"。目前，上海市西中学已经开始基于教材内容对学生进行授课。如果能够在中学普及智能教育，百县示范，千县试点，万校使用，亿人受益，减少学生考试负担，激发学习活力，增强创新能力，对2030年我国成为全球人工智能高地的发展规划应该是一个强有力的人才支持！

而对当前高职生智能教育，多在计算机专业里开设零星的人工智能课程，教材零乱，深浅不一，更缺少技能型、应用型训练和应用型创新工匠的培养。

（3）当前本科生的智能教育空心化、当前研究生智能教育高开低走。本科生智能教育呈空心化。在校学习智能科学和技术的课程，多以选修为主，一般不超过4个学分，仅占总学分的约1/30，严重阻碍了社会对智能人才培养的素质要求。如果本科设智能专业，涉及智能内容可占到2/3。

研究生智能教育呈现高开低走情况。例如，清华大学在计算机科学与技术专业的研究生教学课程的45个学分中，人工智能研究方向的课程不到10个学分；在控制科学与工程专业的研究生中，人工智能研究方向不到6个学分；在电子科学与技术的研究生教学课程中，甚至没有人工智能课程，智能教育高开低走，更不用说其他学科的研究生了，且各学校差别很大。我们要把人工智能的课程教育从研究生下沉到本科，甚至延伸到高职，普及到中学，意义重大，智能教育将变成终身学习的过程，而不仅仅是在大学。

（4）当前相关专业课程智能教育混乱。

过去未去、未来已来。信息时代还没有过去，但是智能时代已经到来。目前，处于信息时代与智能时代交叠融合的过渡期。信息时代有 5 个学科分支，可称之为"信息时代五兄弟"，包括：① 电子、微电子、光电子理论与工程；② 通信工程和网络工程；③ 计算机科学与技术；④ 自动化理论与工程；⑤ 智能科学与技术。

智能科学与技术作为智能时代的核心，与信息时代的另外 4 个分支交叉融合，形成了智能时代的 4 个代表性方向，分别为：智能芯片、智能网络、智能控制、智能计算。这四个代表性方向构成了智能时代的"核心硬件（芯片）- 网络 - 计算 - 控制"的四位一体的完整体系，也成为智能时代的智能教育的核心内容。

针对目前信息时代与智能时代交叠融合的过渡状态，如何设置智能教育科学合理的专业课程还需要深入研究。可考虑将脑认知基础、机器感知与模式识别、自然语言处理与理解、知识工程、机器人和智能系统设为智能教育的平台核心课程。通过设置这些平台核心课程，构建智能教育的核心知识体系，并需要同时加强教材优选工作。

目前人类还处在从信息时代走向智能时代的过渡区，各大学依法自主设置专业，为我国智能教育的课程和教材优化创造了百花齐放的勃勃生机！建议教育部以新工科引领智能时代教育变革，成立"智能教育课程设置和新形态教材开发"研讨班。

三、本科智能教育的实践与思考

2016 年，北京联合大学顺应智能时代发展趋势，率先在全国建立机器人学院，成为智能教育的先行者，面向全国招收本科生，建立特区，取消行政级别，扩大学院自身管理权，突显时代特色。

机器人学院致力于研究和探索智能机器人产业人才的培养体系、工科大类专业设置、创新工场和成果转化机制等，在人才培养、科学研究、成果转化、人才聘任等方面采用特区政策，补短板，内合外联，既有效整合内部资源，又开放办学，向国内外的优秀人员和企业发出邀请，广纳贤士加入，产学研用相结合，共同面对机器人教育的人才培养和研发的挑战。

学院在轮式机器人系、无人机系和特种机器人系，都有明确的教学载体，选择载体常常比确定科学问题更难。载体不必是当前产品的再开发，也未必有巨大的工程量，但要体现学科研究的基础性、前瞻性和新颖性。目前，北京联合大学机器人学院激励学生潜心应用研究，争当拔尖创新人才成长征程上的"领跑者"。学院以 20 辆"小旋风"无人车及无人机为载体，实施贯穿本科四年的"小旋风"兴趣活动。以车辆动力学基本相同的专用低速电动车辆为开发平台，包括巡逻车、情侣车、高尔夫球车、救护车、接驳车、送货车、物流车、洒水车、消防车和扫地车，共计 20 辆 10 种类型，学生跨专业、跨年级自由组合，激发创新灵感，能力互补，开发锁定性应用，培养兴趣和解决问题的能力，成为机器人学院的共同关注，形成新工科教育的特色——知行合一、学以致用。

学院不断探索本科生专业课程体系及学分设置，把课程分成通识教育、专业基础教育、专业教育、实践教育和素质教育，对学分比例进行了初步规划；理论教学（含课内实践）中通识教育占58%，为主要部分，专业教育占第二位；实践教学中则主要以专业教育为主，占72%，四年循序渐进不断线，且学分随年级升高而逐步增加。

四、本科智能教育的建议

本科智能教育的普及以及人工智能学院的建立，课程设置与教材优选是核心。其中核心课程"脑认知基础"阐明认知活动的脑机制，即人脑使用各层次构件，包括分子、细胞、神经回路、脑组织区 实现记忆认知、计算认知、交互认知等活动，以及如何模拟这些认知活动。包括认知心理学、神经生物学、不确定性认知、人工神经网络、统计学习、机器学习、深度学习等内容。"机器感知与模式识别"课程研究脑的视知觉，以及如何用机器完成图形和图像的信息处理和识别任务，如物体识别、生物识别、情境识别等。在物体的几何识别、特征识别、语义识别中，在人的签名识别、人脸识别、指纹识别、虹膜识别、行为识别、情感识别中，都已经取得巨大成功。"自然语言处理与理解"课程研究自然语言的语境、语用、语义和语构，大型词库、语料和文本的智能检索，语音和文字的计算机输入方法，词法、句法、语义和篇章的分析，机器文本和语音的生成、合成和识别，各种语言之间的机器翻译和同传等。尤其是计算语言学和语言数字化取得巨大成功，例如信息压缩和抽取、文本挖掘、文本分类和聚类、自动文摘、阅读与理解、自动问答，话题跟踪、语言情感分析、聊天机器人、人工智能写作等，形成一大批井喷成果，中文信息处理与理解尤为突出。"知识工程"课程研究如何用机器代替人，实现知识的表示、获取、推理、决策，包括机器定理证明、专家系统、机器博弈、数据挖掘和知识发现、不确定性推理、领域知识库；还有数字图书馆、维基百科、知识图谱等大型知识工程。各年级的课程设置建议如下。

一年级主要以通识教育和专业基础课程为主，开启专业学习之旅；二年级学生开始学习专业课程，如脑认知基础、机器人程序设计、机器学习、自然语言处理与理解、交互认知等课程；三年级主要在已学习专业课程基础上要在导师的指导下，根据个人兴趣爱好选专业选修课，如不确定人工智能等；四年级学生要完成大学最后阶段的专业选修课程，并主要开展企业实习、毕业设计，最终形成每一名学生的个性化培养方案。

此外，智能时代到来，传统工科专业要开展人工智能教育，尤其是对相关基础知识的学习，如在计算机专业通识教育、专业基础课程中建议开设电子工程、控制工程、通信工程、知识工程、计算机科学与技术导论等；在自动化专业的通识教育、专业基础课程中建议开设软件工程、电子工程、通信工程、知识工程、控制工程导论等；而在非信息类专业通识教育、专业基础课程中建议开设知识工程课程等。

五、结束语

当教育已经从传授知识、发明工具、认识和改造客观世界，拓展到人脑自身如何认知、如何再塑造的新阶段，人工智能对教育的挑战就不单是一个学科、一个专业的问题，而是本世纪全新、全方位、持久过程的挑战。本科生的智能课程体系设置和新形态教材的制定与开发是一项刻不容缓的巨大工程。未来已来，过去未去。目前人类还处在从信息时代走向智能时代的过渡区，各大学自主设置专业，为我国智能教育的课程和教材优化创造了百花齐放的勃勃生机，还要共同探索中国智能产业人才的培养体系、试验平台、成果转化方法等。希望本文能够为我国智能教育做出贡献。

（李德毅，中国工程院院士，欧亚科学院院士，中国人工智能学会理事长，军事科学院研究员，清华大学、国防大学博士生导师，北京联合大学机器人学院院长；马楠，北京联合大学机器人学院副院长、副教授，工学博士；秦昆，武汉大学遥感信息工程学院副院长、教授、博士生导师，工学博士。）

（本文来自《新华文摘》2019 年 02 期，原载于《高等工程教育研究》2018 年 05 期）

用数字智能"解锁"司法生产力

智慧司法建设是司法体制综合配套改革的一个重要维度，用科技"解锁"和"赋能"司法生产力，充分发挥中国特色社会主义司法体制优势，必定在新时代全面依法治国新征程中开创法治中国建设新局面。

党的十九大胜利闭幕后，全国法院掀起学习党的十九大精神的热潮，通过参加以"学懂、弄通、做实"为宗旨的学习，笔者对党的十九大精神有了更系统的理解，特别是对全面依法治国中"深化司法体制综合配套改革，全面落实司法责任制""善于运用互联网技术和信息化手段开展工作"有了更深刻的认识。党的十九大已经准确标定数字智能时代司法文明的新坐标，新时代的中国必将向世界展现更加人本、高度智能和更具公平正义获得感的司法成就。本文试从四个方面对司法体制综合配套改革与智慧司法建设谈几点学习体会。

第一，要站定"百尺竿头"。习近平总书记在党的十九大报告中号召全党同志"登高望远"，用"极不平凡"形容党的十八大以来的五年，指出这是"中国特色社会主义法治体系日益完善，司法体制改革有效实施"的五年。五年来的法治成就是全面依法治国的坚实基础，新时代司法体制改革和智慧司法建设要在党的十八大以来改革开放和社会主义现代化建设取得的历史性成就上，在人民法院"四五改革纲要"提出的65项改革举措全面推开之后，在司法体制改革架稳"四梁八柱"取得重大阶段性成效后，朝着"综合配套"的方向深化和推进。

第二，要敢于"更上层楼"。党的十九大报告提出，坚持全面依法治国必须深化司法体制改革，走中国特色社会主义法治道路。习近平总书记在中共中央政治局第二次集体学习时提出，要审时度势、精心谋划、超前布局、力争主动，推动实施国家大数据战略，加快建设数字中国。这让我们深刻认识到若想把握新时代司法工作的特点和任务，离不开对司法大数据的充分运用，这为新时代司法文明的新坐标划定了数字与智能的象限。现代科技革命不是在现状的延长线上追求简单的技术进步，而是一场在基本理论、科学方法和共识信念上的范式转换。搭载互联网而来的云计算、大数据、人工智能等现代科技伟力在我国司法中得到迅速应用，指数级放大了司法者的创造力，有望解决旧模式下长期想解决而没有解决的难题。构建具有中国特色、引领时代潮流、人力和科技深度融合的司法运行新模式不再是将来时而是现在进行时。从这个意义上说，司法工作者不能坐等量变催生质变，而是要敢于用质变引领量变。

第三，要明晰数字智能基本原理。首先，要正确认识复杂网络、大数据和人工智能三者的关系。如果说以互联网为代表的复杂网络是树根，大数据就是树干，人工智能就是枝叶和果实。智能的钥匙是大数据，智能问题实际上就是如何处理数据的问题，数据量越大，越能够建立相关性，消除不确定性，机器的智能水平就会越高。正如习近平总书记所说，"谁掌握了数据，谁就掌握了主动权。"因此，司法大数据的海量累积和复利效应，决定了智慧司法革命的趋势不会逆转，越早认识到这一点，对现代科技的拥抱就越主动。其次，在路径上，要注重"链接"和"枢纽"。网络如同人的大脑，充满节点与神经元，当这些神经细胞相互连接时，便会形成一个令人惊讶的网络。而一个网络中总有一些节点比其他节点拥有更多链接，一旦抓住这些枢纽节点，整个网络的结构就变得清晰，无序之中便会浮现出有序。因此，复杂网络纵有千姿百态，只要重视搭建数据之间的链接，实现全国"一张网"，深刻洞察无尺度网络的特点，用海量的大数据对枢纽节点进行不断的训练和调整，就可以有效增强数据挖掘和分析能力。最高人民法院部署推动的全国法院信息化建设、司法大数据开发应用、智慧法院建设等，通过对全国法院案件数据的实时汇聚，联通了各地和各级法院之间的"数据孤岛"，推动了司法大数据与国家信息资源的融合运用，有助于总结案件裁判规律，研发更高水平的审判智能辅助系统，促进裁判尺度统一，为司法决策和国家治理提供科学参考。

第四，要坚守初心使命。司法有司法的规律，而司法规律正是现代技术应用于司法需要严守的边界。司法权的核心是判断权，司法有中立性、独立性、亲历性、终局性，人类司法活动的总体发展的规律是"从野蛮到文明，从恣意到规范，从愚昧到科学"，这些特征和规律不应由于大数据、人工智能的应用而被替代、稀释或消解。面对不断突破想象的现代科技革命和挑战，司法的顶层设计显得至关重要。党的十九大报告提出，要"使人民获得感、幸福感、安全感更加充实、更有保障、更可持续"，要想穿越技术的迷思，必须不忘促进司法为民、公正司法的初心，牢记推进全面依法治国的使命，紧紧抓住人民群众日益增长的司法需求与人民法院工作发展不平衡、保障群众权益不充分之间的矛盾，切实满足人民群众多元司法需求，满足人民群众对美好生活的新期待，给新时代人民法院工作发展插上科技的翅膀。"努力让人民群众在每一个司法案件中感受到公平正义"是司法工作者须臾不敢忘却的指南针，帮助我们区分技术的进展，哪些能增进人民福祉，哪些会给公平正义带来威胁，寓科技理性于司法理性，这远比任何地图都更加重要。

智慧司法建设是司法体制综合配套改革的一个重要维度，用科技"解锁"和"赋能"司法生产力，充分发挥中国特色社会主义司法体制优势，必定在新时代全面依法治国新征程中开创法治中国建设新局面。

（徐持）

来源：《人民法院报》

人工智能与文艺新形态

人工智能时代使艺术家获得异常丰富多样、宏阔深刻的思维质料、人生实践和生命体验，为筑就具有划时代意义的艺术高峰酝酿崭新土壤

面向未来，我们要筑牢人类精神根基，坚守艺术的本体价值向度；积极利用现代科技文明成果，充分融入科学认知向度；蓄积深远目光，自觉引入未来向度；开掘中华美学丰厚资源，秉持本土文化价值向度

我们正处在一个由高科技、互联网、全球化、社会转型等历史潮流交融激荡带来的前所未有的大变革之中，人工智能是这场变革中最不容忽视的趋势之一。

近 10 年来，随着大数据、云计算、互联网、物联网等技术发展，人工智能跨越科学与应用之间的技术鸿沟，进入爆发式增长期，"智能＋"成为一种创新范式，渗透到各行各业之中。目前人工智能在视觉图像识别、语音识别、文本处理等多个领域达到或超过人类水平，在视觉艺术、程序设计领域崭露头角，在图像分类、自动驾驶、机器翻译、步态运动和问答系统等方面已经取得显著成功。无论是欣喜、期待，还是恐慌、

疑虑，整个人类社会将快速迈入人工智能时代。

2018 年 9 月 17 日，习近平同志致信祝贺 2018 世界人工智能大会开幕时指出，新一代人工智能正在全球范围内蓬勃兴起，为社会经济发展注入了新动能，正在深刻改变人们的生产生活方式。这场变革同时也推动着艺术格局的嬗变，催生出更有生命力的新型艺术形态。面对人工智能蓬勃兴起的人类文化图景，我们需要以更加长远深邃的历史眼光、更加宽广博大的胸怀、更加宏阔开放的参照系，审视艺术发展，注目世界最先进、最前沿领域，向人类精神最深处探寻，筑就新时代文艺高峰。

模仿人类，人工智能文艺滥觞

人工智能是指用机器代替人类实现认知、识别、分析等功能的科技，其本质是对人的意识与思维过程的模拟，是一门综合计算机科学、生理学、哲学等的交叉学科。以色列历史学家尤瓦尔·赫拉利在《未来简史》中说，基于大数据和复杂算法的人工智能使当今世界正经历从智人到"神人"的巨大飞跃，其革命性比从猿到人的转变还要深刻彻底。这样的时代状况使艺术家获得异常丰富多样、宏阔深刻的思维质料、人生实践和生命体验，为筑就具有划时代意义的艺术高峰酝酿崭新土壤。充分发挥人工智能带来的审美和艺术的感悟力、想象力、塑造力及穿透力，是当代艺术家必须面对和承担的重要课题。

在文艺领域，通过深度学习，微软的机器人"小冰"已经可以写出媲美人类诗人的诗歌，并出版人类有史以来第一部人工智能诗集——《阳光失了玻璃窗》。在视听艺术领域，美国一位名为戴维·柯普的音乐教授编写出一套计算机程序，用其谱出协奏曲、交响乐和歌剧，此举在古典音乐界引起巨大争议，但曲子带给人的感动与共鸣是真实的。在造型艺术领域，人工神经网络已经可以将一幅作品的内容和风格分开，向艺术大师学习艺术风格的同时，把艺术风格转移到另外作品中，用不同艺术家的风格来渲染同样的内容。这意味着人工神经网络可以精确量化原本许多人文学科模糊含混的概念，并使这些只可意会、无法言传的技巧变得朴实明晰，易于复制和推广。美国迪士尼研究中心和加州理工学院联手研究如何让人工智能拍摄一场足球比赛，通过机器自动捕捉精彩画面。而在不远的将来，一个不懂摄影的新手，手持具有超强运算与通信能力的人工智能照相机，就可以通过物联网和云端技术，与远程数据中心联系，在摄影经验丰富的人工智能协助下，完成一张有着绝佳光线、色彩、构图的风景照。

今天，机器作画、机器演奏、机器写作、美感计算日益逼近人类艺术水平。明天，机器会不会取代今天艺术家的所有艺术创作，断然是或否的回答都为时尚早，答案只能交给时间。人们常说，过去可以回溯，但不可改变；未来可以创造，但不可预测。面对当下现实，我们最需要思考的是，在人工智能冲击下，如何找到坚实立足点、有效参照系和全新价值尺度，回归本体、回归本源、回归本质，重新审视和展望审美艺术的未来，筑就无愧于伟大时代、伟大民族的艺术高峰。

突破"模仿"，逼近艺术创作主体

审美是艺术的本源，艺术是人类审美感受性的制作、呈现和传达。这种感受力不仅仅停留在初级的、直接的、现实的感官层面，更是一种深层次的具有超越性的生命感受力。这种感受力不同于科学认知，具有特殊的复杂性、神秘性，具有超感官、超生活、超技术、超逻辑、超理性、超概念等精神品性，不可化约和混同于认知活动与信仰活动。在今天人工智能和专业人工智能语境下，我们尚可审慎判断，艺术的本体仍不可动摇。目前的人工智能创作基于大数据和深度学习技术发展，其创作核心是"数据"和"算法"，只是对某种艺术进行风格化和技术化处理，还未涉及艺术本质中的情感、想象、感受等重要范畴，更不具备艺术象征和批判等重要的社会文化功能。简言之，人工智能创作还不具备审美的主体感受力。

不过，当未来人工智能和通用人工智能到来之际，情况会变得非常复杂，始料未及的文化景观会目不暇接地涌现到我们面前。世界经济论坛创始人兼执行主席克劳斯·施瓦布在《第四次工业革命》中预言，人类与机器的界限变得模糊，下一代计算机设计将结合人脑科学，使其能像人脑的新皮质一样进行推理、预测和反应，而想法、梦境和欲望也面临被破译的风险。未来强人工智能将是人类级别的人工智能，多方面都能和人类比肩，超级人工智能更是在多方面都可能强于人类。这也许能够打破主体与主体之间深层感受的藩篱，创造出真正意义上的艺术作品。甚至我们还可以预测一种"后人类"的生命图景：随着脑神经科学、脑机接口技术和生物科技的深入发展，未来有可能实现"人机一体"，关于人类主体性的一些基本假设都会发生重大转变，人类关系也将发生巨大变化。

到那时，人工智能创作的艺术作品有可能同样具备现有艺术作品的多项特质，成为艺术创作主体。同时，人工智能可以注入人的精神和意识，大大增强人的智力，从而提升艺术创造力和鉴赏力。甚至有专家预测一种建立于量子物理学、电脑科技、纳米科技、生物医学和强人工智能等加速发展基础上的艺术形式——"奇点艺术"。我们目前所能作出的一切预测和判断都还建立在人类现有的智力和认知水平之上。未来世界还存在无限的可能，充满不确定性，孕育着不可估量的生机。

坚守价值，面向未来构筑高峰

立足当下，放眼未来，艺术家们在正向我们走来的人工智能时代里，在追求新时代艺术高峰的历史征程中，如何既像小鸟一样在每个枝丫上跳跃鸣叫，又像雄鹰一样从高空翱翔俯视？如何既能脚踏坚实可靠的大地，扎根生活的沃土，又能拨开浓密的枝条，透过微茫的光，仰望深邃辽远的星空？

第一，筑牢人类精神根基，坚守艺术的本体价值向度。汤因比在谈到艺术的本质时说，"如果我们彻底放弃这个现在被忽略的、最初的沟通和联系方式的话，我们大概就会发现自己正处于一种茫然无措的境地"。正如物理学家斯蒂芬·霍金在最后的著作《重大问题简答》一书中所担忧的那样，未来人工智能意志可能存在与人类意志相冲突的隐忧，其规范管理同样需要人文精神的介入与引导。应该坚信，科技的健康发展离不开伦理规约和价值导引，必须从中灌注更多人文精神。未来人类发展不是在科技牵引下一意孤行，而是人类按照美善法则建设出来的理想田园。审美艺术给心灵以满足和安顿，引导人们追求美好生活，使人得以向冯友兰和张世英先生所说的"最高人生境界"跃迁。

第二，积极利用现代科技文明成果，充分融入科学认知向度。技术赋能艺术，艺术驾驭技术。当代艺术高峰一定是对现代科技文明成果加以充分运用的高峰，正确的态度是开放、包容，为事先无法想象的可能留下空间。当前，形态各异的网络艺术、数字艺术、虚拟艺术、融合艺术等向我们展示诱人的艺术前景；未来，建立在各种科技手段高速发展基础之上的"奇点艺术"，以及智能交互艺术、纳米艺术、智能打印艺术等重要艺术表现形式，会为我们展示未来艺术高峰的无限空间，既有文化资源、精神积淀应当在这样的语境中得以艺术转换和创造。

第三，蓄积深远目光，自觉引入未来向度。艺术也是面向未来的事业，常常扮演时代探测器角色，以审美方式伸向未来、未知、未能，以艺术语言在精神层面构建未来。在人工智能时代，我们的参照系要足够大，视野要足够开阔，目光要足够长远，着眼人类命运、世界文明格局、历史发展进程和未来愿景。只有在足够大的参考系中才能准确定位我们所处的时代，正确认知人工智能时代带来的挑战，才能具有前瞻性地推动新艺术形态形成，在更为广阔的新天地中构筑当代民族艺术高峰。

第四，开掘中华美学丰厚资源，秉持本土文化价值向度。中国是诗的国度、艺术的国度、审美的国度，面向时代和未来，中国文化发展面临前所未有的机遇和挑战。我们要充分发挥审美力量，激活中华美学感悟力、想象力、塑造力和穿透力，注目人类社会进步和文化发展最先进的方面，探寻人类精神最深处的秘密；让目光再广大一些、再深远一些，与当代人精神渴望和心灵需求相呼应，以坚定的文化自信推动中华传统美学的创造性转换和创新性发展，为构建未来人类精神价值体系做出中华民族重要而独特的贡献。

（庞井君，中国文联理论研究室主任、中国文艺评论家协会副主席）

来源：《人民日报》

三、中国人工智能的战略方位

　　做大做强新兴产业集群，实施大数据发展行动，加强新一代人工智能研发应用，在医疗、养老、教育、文化、体育等多领域推进"互联网+"。发展智能产业，拓展智能生活。

——政府工作报告（2018 年）

大智能时代的关键之举——五问 AI 国家战略

如同工业时代的蒸汽机和信息时代的互联网，人工智能（AI）在"大智慧"时代扮演着越来越重要的角色。新一代人工智能技术的发展，正颠覆你我的生活，深刻改变世界。

我国首部国家级人工智能发展规划——《新一代人工智能发展规划》近日出台，将新一代人工智能发展提高到国家战略层面。如何描绘人工智能发展的新蓝图？中国怎样建设世界人工智能创新中心？如何让人工智能"扬其所长，避其所短"，为人类造福？蕴含科技创新的"因子"、破解时代前进的"密码"，新华社记者为您独家勾勒"大智能"时代的 AI 图景。

新一代人工智能有多火

人工智能到底有多火？2016 年全球科技巨头人工智能投资已达 300 亿美元！2015 至 2016 年，人工智能的媒体关注度暴涨 632%！2017 年上半年在此基础上再长 45%……重视人工智能已经成为全球的共识。什么是人工智能？人类会被机器取代吗？当新事物扑面而来，人们内心总是会充满迷茫与不安。

"随着互联网、大数据、超级计算、传感器等技术的加速突破和广泛应用，人工智能发展进入新阶段，这一阶段呈现出深度学习、跨界融合、人机协同、群智开放和自主操控等新特征。"科技部部长万钢说。

在中国工程院院士潘云鹤看来，中国人工智能正进入升级时代。未来，人工智能与人的智能相结合，在各自擅长的领域发挥作用，能介入的产业规模非常巨大。

科技界和产业界普遍认为，新一代人工智能技术，会带来颠覆性的影响，具有多学科的综合、高度复杂的特性，它将引发科学技术产生"链式"的突破，带动"面上"的发展，帮助各领域创新能力快速跃升。

连珠的妙语、闪烁的字幕……通过智能语音识别技术，演讲者的内容能够实时以中英文在大屏幕上呈现出来，反应迅速、几乎没错。科大讯飞开启了一场"以语音和语言为入口的"认知革命。过去 6 年中，他们的语音识别技术准确率从 60.2% 提升到 95% 以上。

"人工智能的关键是把复杂的世界简单化。"百度公司董事长兼首席执行官李彦宏表示，未来 30 至 50 年，人工智能将成为推动人类历史进步的最大动力。

未来中国 AI 有多强

人工智能是新一轮科技革命和产业变革的核心驱动力，世界各国纷纷抢滩布局。力争到 2030 年实现把我国建设成为世界主要人工智能创新中心的"新目标"——这份具有里程碑意义的《规划》对中国人工智能发展进行了战略性部署，描绘了我国新一代人工智能发展的蓝图，提出"三步走"的目标，明确以提升新一代人工智能科技创新能力为主攻方向，以加快人工智能与经济社会国防深度融合为主线。

"规划的发布是我国科技发展史上的一件大事。这份我国在人工智能领域的首份战略规划，重点对 2030 年前我国新一代人工智能发展的总体思路、战略目标、主要任务和保障措施进行了系统部署。"科技部副部长李萌说。

以人工智能技术突破带动国家创新能力全面提升，为我国未来经济繁荣创造一个新的增长周期。李萌认为，中国人工智能的发展，不仅支撑中国经济社会转型发展，也能为世界人工智能发展作出贡献。

语音识别、机器视觉、机器翻译领域全球领先；人工智能创新创业非常活跃，影响力不断增强，我国在人工智能多个领域取得一系列突破。

"应该清醒看到，与发达国家相比我们仍有短板。研发上，基础理论、核心算法、高端芯片等方面原始创新成果还比较少；产业生态上，还没有形成有国际影响力的生态圈和产业链。"潘云鹤表示，希望通过加强人工智能技术的研究和应用，来加速我国建设世界科技强国的进程。

有 AI 的世界怎么变

人工智能有多强？它就像传说中"别人家的小孩"一样：记性比你好、算算术比你快、体力还比你强……

人工智能，这一火爆的词汇其实诞生至今已有 60 多年，正在互联网和大数据的联合推动下深刻改变人类生活。

"作为新一轮科技革命和产业变革的核心驱动力，新一代人工智能也将改变世界，推动经济社会各领域从数字化、网络化向智能化加速跃升。"中国工程院院士李伯虎说。

大数据驱动知识学习、跨媒体协同处理、人机协同增强智能、群体集成智能、自主智能系统成为人工智能的发展重点，受脑科学成果启发的类脑智能蓄势待发，人工智能发展进入新阶段。

"今天的人工智能，往往流于让机器模仿人，让机器去做人做的事。这是对'智能'的肤浅理解。"阿里巴巴董事局主席马云认为，发展机器人，更应让机器做人类做不到的事情，中国有机会走出独特的发展之路。

新一代人工智能将重构生产、分配、交换、消费等经济活动各环节，形成从宏观到微观各领域的智能化新需求，催生新技术、新产品、新产业，引发经济结构重大变革。

同时，新一代人工智能也将带来社会建设的新机遇，人工智能在教育、医疗、养老、环境保护、城市运行、司法服务等领域的广泛应用，将提高公共服务精准化水平，全面提升人民生活品质。

中国 AI 路如何闯

"发展人工智能是一项事关全局的复杂系统工程。"李萌表示，新一代人工智能重大科技项目已被列入"科技创新 2030－重大项目"，国家"十三五"规划中此前明确提出的 15 个重大项目，现在加上就有 16 个了。

据悉，新一代人工智能重大科技项目，将和已经安排的项目任务，共同形成国家人工智能研发的总体布局，形成"1 + N"的人工智能项目群。"1"就是新一代人工智能重大科技项目，专门针对新一代人工智能特有的基础理论、关键共性技术进行攻关。"N"就是围绕人工智能相关的基础支撑、领域应用形成的各类研发任务布局。

李萌介绍，"科技创新 2030－重大项目"是动态的、开放的，将根据科学技术发展的前沿趋势及时调整。此外，新一代人工智能重大科技项目的实施将充分调动中央政府、地方政府、企业、社会资本等各方积极性，多渠道出资、共同发力。

专家建议，我国人工智能发展应注重：把握发展新阶段，重点发展以深度学习、跨界融合、人机协同、群智开放、自主操控为基本特征的新一代人工智能；突出创新能力建设，推动建立基础理论和关键共性技术体系；形成前瞻系统布局，坚持研发攻关、产品应用和产业培育"三位一体"。

"新一代人工智能科技重大项目，主要瞄准人工智能技术前沿，结合国家重大需求进行设计。"科技部高新技术发展及产业化司司长秦勇介绍，大数据智能、跨媒体混合智能、群体智能、自主智能系统，这些恰恰是新一代人工智能技术发展的重要方向。

中国 AI 之路如何"控"

高技术有时会像"脱了缰的野马"肆意奔腾。既要让马儿跑，也不能让它"脱缰妄为"。

有不少科技界产业界知名人士在支持人工智能发展的同时，也对人工智能发展可能带来的就业、伦理、安全等方面的挑战高度关注。

与所有的颠覆性技术一样，新一代人工智能具有高度的不确定性，可能带来改变就业结构、冲击法律与社会伦理、侵犯个人隐私等问题。因此需要统筹谋划、科学引导。

如何确保人工智能安全、可靠、可控？李萌表示，人工智能具有技术属性和社会属性高度融合的特征。既要加强人工智能研发和应用力度，又要预判人工智能的挑战，协调产业政策、创新政策与社会政策，实现支持发展与合理规制的协调，最大限度防范风险。

"建设创新型国家和世界科技强国并不简单是一个技术研发的问题，

还包括技术体系、人才队伍、社会治理水平。"科技部创新发展司司长许倞表示，规划的核心不仅是推动人工智能技术进步，同时最大限度降低风险，确保人工智能走上安全、可靠、可控的发展轨道。

（陈芳、余晓洁、胡喆，新华社记者）

来源：新华网 www.xinhuanet.com

为人工智能铺就发展快轨

多措并举、趋利避害，推动形成错落有致、各显其能、回报合理的科研与产业布局，才能共同做大人工智能的市场蛋糕

科技创新有自身的规律，而顺应规律的助推，对于产业发展的作用不容忽视。近日，国务院印发《新一代人工智能发展规划》，提出面向2030年我国新一代人工智能发展的指导思想、战略目标、重点任务和保障措施，部署构筑我国人工智能发展的先发优势。这一规划的出台，为推动人工智能产业发展、争夺科创前沿高地吹响了冲锋号。

长期以来，人们熟悉了人工智能在影视作品中的科幻场景，也更加重视其在日常生活中的真实应用。从智能手机的普及到自动驾驶的研发，从"深蓝"的问世到"AlphaGo"的惊艳……现实中，人工智能正在快速拓展自己的影响力边界。有研究机构宣称，人工智能正在促进社会发生转变，这种转变比工业革命"发生的速度快10倍，规模大300倍，影响几乎大3000倍"。

当产业插上人工智能的羽翼，我们将见证颠覆性的变化。人脸识别、

虚拟现实、智能终端、物联网等新领域新行业的涌现，开辟了面向未来的新蓝海；智能制造、智能商务、智能农业等多点开花，让传统产业得以涅槃重生。正因如此，此次规划对人工智能核心产业的规模预测很有信心，预计三年内将超过 1500 亿元，到 2030 年超过 1 万亿元。这样的数字，源自对人工智能领域发展的战略预判，也体现出对产业变革的未雨绸缪。

事实是信心最有力的支撑。有外媒指出，数据是人工智能最重要的原料，据测算，全世界训练有素的人工智能科学家有超过 2/5 位于中国，近 14 亿人口产生的数据首屈一指。可以说，目前我国在人工智能领域居于全球第一梯队，有望实现从跟跑到领跑的弯道超车。然而，发展短板也不容忽视：基础理论、核心算法、关键设备、高端芯片等有求于人，人才储备和人才质量尚存差距，科研机构和产业生态也并未成熟。要想抵达"一览众山小"的境界，就必须正视这些不足。

观察人工智能领域的全球图景，不少国家都在摩拳擦掌。美国成立研究部门，专门制定与人工智能相关的发展战略；日本出台推进战略，为人工智能谋划蓝图；新加坡推出国家计划，普及人工智能应用……随着竞争日趋白热化，抢占人工智能发展制高点迫在眉睫。此外，科技创新具有不确定性，人工智能也不例外。就此而言，还需认真遵循规划要求，在就业挑战、社会伦理等方面有意识、有预案地防范未知风险，深刻把握人工智能技术属性和社会属性高度融合的趋势，实现发展与规制相协调。

一分部署，九分落实。规划出台不易，落细落小落实尤难。比如，前瞻性举措并不等于计划性指令，怎样抓牢重大的科研政策方向，创造更多技术成果和产业应用？比如，激起研发浪潮并不会自动形成"市场海啸",如何做好配套支持体系,避免资本泡沫?多措并举、趋利避害,推动形成错落有致、各显其能、回报合理的科研与产业布局,才能共同做大人工智能的市场蛋糕,为经济社会发展持续激发正能量。

历史上,当第一台蒸汽机车问世时,有人驾着马车与火车赛跑,讥笑火车没有马车快。如今,人类早已跨越机械化、电气化、自动化的山峦,正行进于智能化的快车道。为人工智能发展铺就一条坚实的轨道,我们一定能拥抱属于自己的时代机遇。

（盛玉雷）

来源:《人民日报》

中国人工智能已"落子布局"

AlphaGo 与李世石的人机大战，让人工智能受到产业界、学术界甚至全社会的热议。有关专家认为，面对人工智能领域日趋激烈的国际竞争，中国已从战略高度"落子布局"。

政策层面，我国的"十三五"规划纲要草案首次出现了"人工智能"一词，在"科技创新—2030 项目"中，智能制造和机器人成为重大工程之一；培育人工智能、智能硬件、新型显示、移动智能终端等，被列入战略性新兴产业发展行动。

而从资本市场角度看，人工智能或将成为 IT 界继移动互联网后的下一个热点。专业人士分析，2016 年作为"十三五"起步之年，也是中国人工智能商用的元年。

产业现状

从特定领域寻找突破点

"人工智能是计算机科学的一个分支，该领域的研究包括机器人、语言识别、图像识别、自然语言处理等，而人工智能基础技术，即计算机算法，包括自我学习、深度学习、神经网络强化学习之类，可以应用到所有人工智能领域。"艾瑞咨询研究总监刘赞在 2016 中国（深圳）IT 领袖峰会信息行业研究报告发布会上介绍说。

近年来，人工智能正成为计算机科学研究的最前沿。据了解，国际上人工智能的创新和创业日趋活跃。以创业企业为例，市场调查公司"风险扫描"绘制的一张人工智能创业地图显示，截至 2015 年，全球人工智能初创企业已有 855 家，横跨 13 个门类，总估值超过 87 亿美元。

许多科技巨头纷纷投资人工智能研究，然而，目前人工智能创新和创业多集中在北美、西欧地区，中国科研机构和企业尚未在这个全新的舞台上占据主导。

中国科学院副院长谭铁牛院士曾在 2015 年中国人工智能大会上表示，中国在人工智能领域的整体发展水平与发达国家相比仍存在差距，尤其在高精尖零部件、基础工艺、工业设计、大型智能系统、大规模应用系统以及基础平台与数据开放共享等方面差距较大。此外，中国人工智能发展在基础理论、人才队伍和产业投资上也有距离。

但挑战也意味着机遇。"随着大数据时代的来临，人工智能的真正发展才刚刚开始。"清华大学博士崔鹏在天天投投融资面对面人工智能和大数据产业发展方向论坛上说，"中国市场有很大需求，无论技术创新还是商业模式，对中国来说都是一个机遇，一个实现跨越式发展的新机遇。"

极客帮创始合伙人蒋涛认为，我国的人工智能大规模应用虽仍需时日，但从人工智能的很多技术结合某些领域特定的场景，还是容易找到突破点，在某些特定领域里可以找到实际的用途。

持续受捧

崛起已到关键时点

在中国，人工智能已得到政策的大力支持。去年 7 月，国务院印发《"互联网 +"行动指导意见》，明确人工智能为形成新产业模式的 11 个重点发展领域之一，将发展人工智能提升到国家战略层面，提出具体支持措施，清理阻碍发展的不合理制度。

"十三五"规划纲要草案提到人工智能，又是一种对相关产业和企业的正向政策刺激。

"这是产业竞争的焦点，不布局肯定就晚了！"地平线机器人技术公司首席执行官兼创始人余凯表示，"这不单是在互联网的虚拟世界里发生改变，也是在物理世界里发生的重大变化。"余凯说，规划纲要草案显示了一种整体上的共识，基于国际大趋势和国家核心制造领域的转型升级，人工智能崛起已到关键时点。

中国企业布局人工智能，来自百度和科大讯飞的虚拟机器人"度秘"和"灵犀"虽然还不够完美，但却被视为中国迈向人工智能时代的产业突破口。"度秘"拥有从语音识别到全网搜索的速度和准确性，而人机对话代表着"灵犀"下一步的方向。

专家分析，从涉及人工智能业务的企业来看，颇具竞争力的公司主要有两类：一是具有向人工智能产业升级基础的智能高端制造业，它们拥有雄厚的智能制造业基础，在未来产业升级过程中，拥有强大的竞争优势；二是在语音识别、图像识别、自然语音识别领域，拥有强大竞争实力的上市公司，如科大讯飞、汉王科技等。

未来趋势

专注 + 开放 + 耐心

"人工智能真正要实现的，是交互方式的改变。人工智能的服务模式，可能简单到就是提供定制化和个性化的服务。"刘赞说。

从整个感知智能的发展阶段来看，人工智能还需要五到十年的普及期，"从目前的数据采集状况来看，还没有一个公司具有完美的大数据基础，这是一个制约因素。还有相关的技术制约，如视觉识别、语音翻译等等，所以人工智能的发展没有想象得那么快。"刘赞说。

人工智能的未来会是什么样子？"单从技术上来看，第一种希望是机器能够有类似于人类大脑的思维，但能否实现仍需论证；第二种是以深度学习为代表，靠数据运算无限接近人类智能。"刘赞认为，虽然类人智能现在一点踪影也没有，但我们仍期待它早一天到来。

作为人工智能的基础——大数据分析，或是一件奢侈的事情。"我们不可能买几个工具就能搞某个领域的大数据分析，进行大数据分析就要确实知道数据如何建模、如何分析，并且技术人员要和公司里的其他部门深度耦合才能解决问题。"崔鹏建议，不具备这样实力的初创性公司可以寻求与研究机构或高校做产学研的结合。

经历了很多的失败和挫折的数据堂 CEO 齐红威给关注人工智能的企业建议是，第一要专注，因为一开始做公司精力和时间都是有限的，公司要利用互联网的思维，专注做一件事情。第二是开放的思维，"现在的VR、AR 和大数据领域，一定要想办法利用已有的能力和基础，能拿来用的技术就拿来用，不要所有的事情都自己做，这样才会加速公司的进展"。第三是有耐心。"人工智能不比其他的领域，不能靠一定的模式和资金砸出来，很多精深的技术需要深度耐心才能获得，不可操之过急。"齐红威说。

谭铁牛则对我国人工智能充满希望。他认为，作为第四次工业革命的技术基石，人工智能有望为中国在新一轮技术创新大潮中后来居上、实现"弯道超车"提供突破口。聚焦人工智能，国家如此重视，未来必有大发展。

（贡晓丽）

来源：《中国科学报》

中国正成为世界人工智能领域的新增长极

2017 年 5 月，阿尔法围棋（AlphaGo）以三局全胜的战绩击败人类围棋顶尖选手柯洁。这是人工智能发展史上具有标志性意义的事件。以前，人们认为围棋是人类在智慧上抵御人工智能的一道屏障，如今这道屏障也被击穿了。面对人工智能的发展，不同的人有着不同的态度，有的期待，有的焦虑，有的迷茫。无论我们是什么态度，可以预见的是，人工智能的发展必将对人类社会产生重大影响，甚至会影响未来国际格局。在人工智能领域，我国必须做好战略谋划，迎头赶上。

目前，美国在人工智能领域处于世界领先地位。一般而言，全球公司市值排行既是考察产业发展趋势的重要指标，也是考察国家经济实力与全球经济霸权的重要指标。在 21 世纪初能源价格还比较高的时候，石油公司经常占据全球公司市值排行榜前列。然而，随着人工智能时代的到来，目前全球市值排名最靠前的几大公司都是美国的科技公司，这几大公司目前在人工智能领域已全面布局。同时，在物联网、智能驾驶、智能医疗等人工智能相关应用领域，美国也拥有一大批技术领先的公司。这种领先地位会在较长时间内保持，甚至会形成某种垄断或霸权地位。

在其他发达国家中，英国在人工智能领域也具有一定优势，这与其高等教育发展水平较高密切相关。例如，阿尔法围棋的研发团队就来自牛津大学。德国的工业基础雄厚，工业机器人和物联网的发展水平也较高，但与美国相比仍然缺乏领先品牌和主导产品。在亚洲，日本在机器人和精细生产等方面占有领先地位，但同德国的情况相类似，日本在整体发展布局和产品品牌方面都缺乏主导性。

与欧洲和日本相比，我国正在成为世界人工智能领域的新增长极。整体而言，我国发展人工智能具有两大重要优势。一是我国拥有庞大的应用市场。一旦某个产品进入应用领域，我国市场很快就能为该产品积累海量数据。在人工智能时代，数据就是生命，数据就是竞争优势。因此，尽管我国在一些技术领域并不具有领先优势，但可以把这些技术快速导入市场应用领域，并生成数据资源。我国一些公司正是基于这种庞大的用户规模实现了快速成长。二是我国拥有数量庞大的科研人员队伍。我国科研方面的论文发表量和专利申请量均居世界前列，表现出强大的学习和创新能力。近年来，大量科研人员开始聚焦人工智能发展。强大的学习和创新能力使我国具备良好的赶超基础，未来一段时间有望改变在人工智能技术上的相对弱势地位。

目前，我国已经在人工智能领域全面发力，一些中国公司正在与国外大公司进行竞争，只是竞争优势仍有待积累。推动我国人工智能发展，一方面要"抓大"，努力培育与国外大公司可以一争高下的全球性大公司；另一方面也要"抓小"，通过建立企业孵化器等手段激活一大批人工智能领域的小型创业公司。此外，发展人工智能还需要加强产研用结合，鼓励科研单位、科研人员与企业建立长期合作机制，把激发科研人员的创新能力与激发中小企业的创新活力有机结合起来，同时发挥我国应用市场规模庞大的优势，推动形成一批全球领先的科技企业。

（高奇琦，上海市中国特色社会主义理论体系研究中心研究员、华东政法大学教授）

来源：《人民日报》

人工智能研究的中国力量

人工智能：从科幻到现实

1956 年在美国举行的达特茅斯会议，探讨了人工智能的发展。在这次会议中，人工智能（AI）的概念被正式提出："让机器能像人那样认知、思考和学习，即用计算机模拟人的智能。"参加这次会议的科学家开始在科研领域致力于人工智能的发展，但受制于计算机技术的水平，当时人工智能的进展有限。

在 20 世纪 60 年代，美国科幻小说家阿西莫夫在《纽约时报》开设专栏，对人类半个世纪后的科技生活进行预测。他预言："到 2014 年，机器人有了自己存在的意义：把人类从琐碎的家务中解放出来，人们只需头一天晚上对机器做出设置，第二天早上就可以直接享用现成的美味早餐。"

我国计算机仿真与计算机集成制造专家、中国工程院院士李伯虎认为，人工智能最近 60 年发展可以分为三个阶段：20 世纪 50 年代至 70 年代，人工智能力图模拟人类智慧，但是受过分简单的算法、匮乏得难以应对不确定环境的理论以及计算能力的限制，这一热潮逐渐冷却；20

世纪 80 年代，人工智能的关键应用——基于规则的专家系统得以发展，但是数据较少，难以捕捉专家的隐性知识，加之计算能力依然有限，使得人工智能不被重视；进入 20 世纪 90 年代，神经网络、深度学习等人工智能算法以及大数据、云计算和高性能计算等信息通信技术快速发展，人工智能进入新的快速增长时期。

李伯虎说："当前，正在发生重大变革的信息新环境和人类社会发展的新目标，催生人工智能技术与应用进入了一个新阶段。这一次人工智能新高潮的最大特点是企业引领。"

确实是这样，在国际上，谷歌、IBM、亚马逊等各自展开了对人工智能领域的研究。谷歌的人工智能程序阿尔法围棋（AlphaGo）在围棋领域的"人机大战"吸引了世界的目光。在我国，阿里巴巴、华为、百度等公司在人工智能方面也各有建树。比如，在中国，"人脸识别"这一人工智能技术已在多家公司的刷脸支付产品中被广泛应用。

人工智能产业技术创新战略联盟理事长、中国工程院院士高文表示，新一轮的人工智能浪潮由企业带动，目前多国已关注到人工智能巨大的发展潜力，加大了对人工智能研究的资助。

2016 年，美国白宫科技政策办公室成立了机器学习与人工智能分委会，先后发布了《准备迎接人工智能的未来》《国家人工智能研究和发展战略规划》《人工智能、自动化与经济》三份报告，深入考察了人工智能驱动的自动化将会给经济带来的影响并提出了美国的三大应对策略。

英国于 2016 年制定《机器人与人工智能》战略规划，发布了《人工智能：未来决策制定的机遇与影响》报告，希望成为机器人技术和人工智能系统研究领域的全球领导者。

在中国，"人工智能"被写入我国"十三五"规划纲要。在 2016 年

5月，国家发改委、科技部、工信部及中央网信办四部委联合下发《"互联网+"人工智能三年行动实施方案》，要"充分发挥人工智能技术创新的引领作用，支撑各行业领域'互联网+'创业创新，培育经济发展新动能"。面向2030年的人工智能规划即将出台，中国的人工智能研究与开发将进入顶层设计后的系统推进阶段。

中国工程院院士潘云鹤表示，我国对智能城市、智能医疗、智能交通、智能制造、无人驾驶等领域的研究需求与日俱增，"我国已在这些领域实现了信息化，现在迫切需要智能化"。

中国人工智能论文引用量排名世界第一

作为典型的前瞻性基础研究领域，人工智能得到了我国基础研究最主要的支持渠道——国家自然科学基金委的持续关注和重视。自然科学基金较早地做出了前瞻部署，聚焦重点问题，资助了大批探索性研究项目，培养了一批基础研究队伍。

国家自然科学基金委员会自1986年成立起就开始在机器智能基础理论与方法、人工智能应用、人工神经网络、计算机图像与视频处理等多个领域支持科学家自由探索，持续围绕人工智能领域开展基础研究，专门针对人工智能领域开设相关学科代码，对人工智能领域进行细致划分和规划。在人工智能与知识工程领域，基金委设置了人工智能基础、数据挖掘与机器学习、智能Agent的理论与方法、智能搜索理论与算法、智能系统及应用等申请代码，意在鼓励科学家在这些前沿领域展开自由探索，进一步夯实人工智能的科学基础。

同时，我国还启动了"视听觉计算基础研究"重大研究计划，这项技术成果将最终运用在无人驾驶技术领域。该计划实施8年来，清华大学、上海交通大学等十余所高校和科研院所的科研团队参与，在脑的视听觉认知、无人驾驶、图像、语音和文本（语言）信息处理等方面取得了一系列处于国际前沿的重要研究成果，在《神经元》等国际学术期刊上发表了大量高水平论文，对推动我国信息领域及相关产业的原始创新与发展起到了重大的引领作用。

在智能机器人研究方面，基金委 2016 年启动了"共融机器人基础理论与关键技术研究"重大研究计划，拟资助经费 2 亿元，面向我国高端制造、医疗康复等领域对共融机器人的需求，力图为我国机器人技术和产业发展提供源头创新支撑，还与深圳市人民政府共同设立机器人基础科学中心项目。

在全球科学技术革新的时代浪潮下，我国对于人工智能领域的基础研究取得了不少突破性进展，中国科学家在学科前沿已经占据了一席之地。根据 SCImago 期刊排名显示，2015 年，美国和中国在学术期刊上发表的相关论文合计近 1 万份，而英国、印度、德国和日本发表的相关论文总和也只相当于美中两国一半，中国人工智能论文引用量排名世界第一，论文影响力方面中国则排名第三。麦肯锡公司全球总裁鲍达民说："中国与美国是当今世界人工智能研发领域的领头羊。"

人工智能有可能率先实现从跟跑到领跑

2016 年，中国工程院根据人工智能 60 年的发展，结合中国发展的社会需求与信息环境，提出了人工智能 2.0 的理念。

中国工程院高文院士表示，人工智能 2.0 的一个鲜明特征是实现"机理类脑，性能超脑"的智能感知，进而实现跨媒体的学习和推理，比如人工智能 AlphaGo 就是通过视觉感知获得"棋感"："它将围棋盘面视为图像，对 16 万局人类对弈进行'深度学习'，获得根据局面迅速判断的

'棋感'，并采用强化学习方法进行自我对弈3000万盘，寻找对最后取胜的关键'妙招'。"通过这种感知，AlphaGo实现了符号主义、连接主义、行为主义和统计学习"四剑合璧"，最终超越人类。

杨卫认为，在研发活动的全链条——从基础科学到技术及产品和市场中，基金委正是源头供给者。顺应时代发展要求深入探索人工智能，不仅造福于民，更可为国家在重大研究领域的突破作出贡献。

基金委发布的《国家自然科学基金"十三五"发展规划》围绕人工智能发展战略做出了明确部署与推动："十三五"期间，基金委在学科布局中新增了"数据与计算科学"学科发展战略，在发展领域中提出了包括面向真实世界的智能感知与交互计算、面向重大装备的智能化控制系统理论与技术、流程工业知识自动化系统理论与技术以及大数据环境下人机物融合系统基础理论与应用等多个优先发展领域。

此外，为推动人工智能研究的拓展与丰富，科学基金将重点支持通信与电子学、计算机科学与技术、自动化科学与技术等分支学科之间的交叉研究，通过交叉研究孕育重大突破。

"中国人工智能的发展前景闪烁着希望的曙光，有望领跑世界。"杨卫指出，在科技发展过程中，一个国家从跟跑到领跑的历史性跨越既是华丽的，又是艰难的。它需要高瞻远瞩地把握创新规律，认识到领跑特有的表现形式，并审时度势选择正确的领跑方向，而人工智能作为人机网共融的重要组成部分，和智慧数据、新物理、合成生命、量子跃迁一道，有可能成为我国科技率先实现从跟跑到领跑的跨越的五个重要领域。

（杨舒，光明日报记者）

来源：《光明日报》

四、中国人工智能的未来发展

推动互联网、大数据、人工智能和实体经济深度融合。

——十九大报告

抢占人工智能发展制高点

回顾历史，每次产业技术革命都给人类生产生活带来巨大而深刻的影响。当前，世界正处于百年未有之大变局。勇立大变局潮头，要求我们以颠覆性技术创新为突破口，大力推进产业技术革命。作为目前具有代表性的颠覆性技术，人工智能正在释放科技革命和产业变革积蓄的巨大能量，创造新的强大引擎，深刻改变人类生产生活方式和思维方式，推动社会生产力整体跃升。

习近平同志指出，"人工智能是引领这一轮科技革命和产业变革的战略性技术，具有溢出带动性很强的'头雁'效应。""加快发展新一代人工智能是我们赢得全球科技竞争主动权的重要战略抓手，是推动我国科技跨越发展、产业优化升级、生产力整体跃升的重要战略资源。"未来几年是人工智能技术跃迁的重要窗口期，全球人工智能创新版图加速形成，各个国家和地区都在抢滩布局，希望借助人工智能抢抓新一轮科技革命的战略机遇，构筑先发优势、占据发展制高点。我国在人工智能领域一直处于奋起直追的状态，并形成了将人工智能作为战略重点的广泛共识。新时代，抢占人工智能发展的制高点，需要在理念、路径、举措三个方面下功夫。

在理念方面，坚持人工智能优先发展、体系化发展和联动发展。优先发展就是围绕人工智能核心技术、顶尖人才、标准规范等提前部署，加大支持力度，促进人工智能与经济、政治、文化、社会、生态等各领域深度融合，推动人工智能创新成果的转化应用。体系化发展就是主动适应人工智能发展趋势，将混合增强智能、大数据驱动知识学习、跨媒体协同处理、群体集成智能、自主智能系统等作为发展重点，整体推进新一代人工智能人才培养、学科发展、科技创新、理论建模、软硬件升级。联动发展就是统筹国内国际人工智能发展资源，政产学研协同发力，形成从中央到地方共同推进人工智能发展的局面，增强相关行业从数字化、网络化向智能化加速跃升的自觉。

在路径方面，坚持政府推动、科教引领、应用驱动、市场主导。政府推动是指政府站在全球、全国及区域协调发展的高度，主动谋划人工智能的重大项目和创新基地建设，加快优质创新创业资源集聚，推进项目、基地、人才的统筹布局，为人工智能发展搭建平台、优化生态。科教引领是指高水平大学、科研院所协同开展创新研究，共同建设学科、人才、科研一体的创新生态系统，通过科技创新持续引领我国人工智能发展。应用驱动是指结合产业特色和优势，聚焦智慧医疗、智慧安防、智慧物流、智慧政务、智慧制造等领域，打通人工智能创新链和产业链，加快科技成果转化。2017年出台的《新一代人工智能发展规划》将"市场主导"作为基本原则之一。市场主导是指人工智能领军企业发挥带动作用，与其他各类企业一道促进人工智能与实体经济深度融合，推动新兴产业发展和传统产业转型升级。

在举措方面，坚持在支撑国家发展中创新突破。人工智能可以增创体制机制新优势。人工智能能够提升公共服务软硬件环境，推动公共数据开放共享；能够建设精准对接政务信息与公共需求的政务平台，推动完善社会治理；能够围绕隐私、安全等问题完善政策和法律体系，推动司法体系智能化。同时，人工智能也能增创国际竞争新优势。通过主动参与人工智能的全球议题、探索发起成立人工智能国际组织等，我国可以倡导制定人工智能发展的国际标准和伦理规范。高校、科研机构、企业等可以通过与国际顶尖大学、世界名企开展实质性合作，共同设立人工智能国际科技合作基地、联合研究中心，共同攻克人工智能的前沿技术难关。

（吴朝晖，中国科学院院士、浙江大学校长）

来源：《人民日报》

激发人工智能的"头雁效应"

新一代人工智能正在全球范围内蓬勃兴起。当人与人相连已成常态，未来通过人工智能，人与物、人与服务的连接，或将形成一个"万物互联"的崭新形态，为我们带来机遇，也带来挑战。

习近平总书记要求，处理好人工智能在法律、安全、就业、道德伦理和政府治理等方面提出的新课题。如何迎接人工智能带来的机遇和挑战？

"网红"机器人成为讲解员，智能家居令人耳目一新，自然语义识别、人脸识别等技术广泛应用……从电子产品、汽车、医疗产品到人工智能服务解决方案，从台前的展品到后台的服务，在前不久的首届中国国际进口博览会上，人工智能成为一大亮点。有关人工智能的话题，也再次引发社会关注。

"人工智能是引领这一轮科技革命和产业变革的战略性技术，具有溢出带动性很强的'头雁效应'""加快发展新一代人工智能是我们赢得全球科技竞争主动权的重要战略抓手，是推动我国科技跨越发展、产业优化升级、生产力整体跃升的重要战略资源"。在中共中央政治局第九次集体学习时，习近平总书记深刻洞察人类科技发展大势，明确指出人工智能对推动我国发展所具有的重要意义和战略价值。这一重要论断，为我们加快发展新一代人工智能坚定了信心、提供了遵循。

目前，人工智能已在全世界范围引起重视，被认为是科技创新的下一个"超级风口"。1956 年美国达特茅斯会议首次提出"Artificial Intelligence"（人工智能）的概念时，互联网还没有诞生；今天，新一轮科技革命和产业变革方兴未艾，算法、大数据、5G 等词汇已为公众所熟知。回溯历史，如果说工业革命是机器替代了人类的体力，极大提高了生产效率、解放了生产力，那么展望未来，人工智能则会在一定程度上替代人类的脑力，大幅提高人类社会的思考能力、进一步激发创新活力。因此，高度重视人工智能、加快发展人工智能，我们才能紧紧抓住这个战略制高点。

事实上，随着算法、数据、计算能力等关键要素的积累和突破，人工智能正在加速拓展应用场景，日益融入人们的日常生活。如今，人工智能早已不再是科幻小说中的专有名词，它已经突破了从"不能用、不好用"到"可以用"的技术拐点，进入了爆发式增长的时期。现实中，无人驾驶汽车正在不断升级，智能机器人可以提供高效的社区服务，而依托深度学习算法，人工智能既可以快速诊断疾病，也能一分钟就完成一个安全分析师一年分析数据代码的工作量。相关报告指出，2017 年中国人工智能核心产业规模超过 700 亿元；而根据国际机器人联合会预测，"机器人革命"将创造数万亿美元的市场。可以说，新一代人工智能正在全球范围内蓬勃兴起，正在深刻改变人们的生产生活方式，蕴藏着巨大的市场空间。

应当认识到，人工智能并非独立存在的技术，而需要依托于产业，进而与经济社会发展深度融合。党的十九大报告指出，"推动互联网、大数据、人工智能和实体经济深度融合，在中高端消费、创新引领、绿色低碳、共享经济、现代供应链、人力资本服务等领域培育新增长点、形成新动能"。2017 年，国务院印发了《新一代人工智能发展规划》，制定了到 2030 年我国人工智能"三步走"的战略目标。科学谋划、扎实推进，以人工智能的"鼎新"带动传统产业"革故"，以增量带动存量，有利于促进我国产业迈向全球价值链中高端，为推动经济高质量发展注入新动能。

现在，我们迎来了世界新一轮科技革命和产业变革同我国经济转向高质量发展阶段的交汇期，既面临着千载难逢的历史机遇，又面临着差距拉大的严峻挑战。未来，人工智能将为经济社会发展打开更大的可能性空间。从某种意义上说，人工智能技术是我们实现"弯道超车"甚至"换道超车"的重要机遇。正因此，尽管我国人工智能发展的技术潜力还有待挖掘，融资环境还有待优化，人才瓶颈还有待破解，我们仍然必须敢于闯进创新的"无人区"，变"跟跑"思维为"领跑"思维，潜心蓄力、久久为功。

有人说，谁把握住了人工智能，谁就把握住了未来。人工智能是我们这一代人不能错失的宝贵机遇。不断优化制度环境，夯基垒台、补齐短板，激发人工智能的"头雁效应"，相信我们一定能推动新一代人工智能健康发展，让智慧之光照亮未来之路。

（李浩燃）

来源：《人民日报》

人工智能是中国引领全球的巨大机遇

在过去 15 年中，科技飞速发展所带来的改变已经渗透到我们每个人的生活中。随着全球互联网的开放以及经济的发展，高科技产品应用变得尤为广泛，甚至我们的爷爷奶奶和孩子们每天使用的都是智能产品。

在我们现在的日常生活中，原先只在科幻电影里出现过的东西，如今正逐渐走入现实。机器通过深度学习，软件和程序能变得更聪明；硬件和机械通过相互交流，可以实现自我改进。30 多年前，人工智能（Artificial Intelligence，简称 AI）还是我在大学实验室鼓捣的学术课题；而如今，在不知不觉中人工智能已经融入现实世界，潜移默化地改变着我们的商业模式和日常生活。

人工智能到底如何在影响我们的生活？试着回忆一下，你上一次在电商网站上，是否经推荐点击了酷炫新产品？上一次在出入境时，是否经人脸识别摄像头辨认你的身份？在客户投诉中心发表你的抱怨之后，立刻收到企业的客服聊天或邮件，实际上是客服机器人在和你对话。在上述这些熟悉的场景中，人工智能已经开始在我们日常生活中无声无息地取代了一些你甚至还没察觉到的角色。

AlphaGo 的崛起，唤醒了全世界对人工智能的关注。人工智能在数十年的实验室研究之后，终于开始走出实验室进入收获阶段。十多年间，移动互联网的兴起曾经引发过一轮互联网革命，而我认为，人工智能市场的未来潜力，将会是当初移动互联网市场的十倍以上。

现在正是将人工智能技术转化为产业应用，以满足实际商业需求、解决现实社会问题的黄金时期。同时，现在也是人工智能科学家创业的最好时期。

在未来十年内，世界上超过 50% 的工作将会被人工智能所取代，尤其是翻译、记者、助理、保安、司机、销售、客服、交易员、会计、保姆等工作。

人工智能的发展需要五大基石的支撑：海量的数据、自动标注数据、清晰的领域界限、顶尖的 AI 科学家以及超强大的计算量。这些条件在过去十年互联网、移动设备、大数据和计算处理能力的长足发展下，都已经得到了切实满足。

那么如何开始呢？

第一，我们需要寻找拥有海量大数据的行业，这些数据必须是能被垄断、且能组成完整闭环的。

第二，我们需要大量计算机，尤其是高性能 CPU 以及 GPU 的组合。

第三，也是我认为更重要的是，人才的配备。我们需要优秀的深度学习领域的科学家，以及一大批热衷学习、实验和解决问题的年轻工程师。我相信，来自计算机、统计、数学、应用数学、电子和自动化这六大专业的顶级大学毕业生们，已经具备了进一步学习掌握人工智能研究技能的基础。在对他们进行人工智能培养之后，只要六到九个月的时间，这些毕业生就可以开始创造价值。

将人工智能导入商业应用的其实并不是难事，对此我有几个原则性的建议：

第一，我们不应当认为人工智能将取代人类，而应将其视为辅助人类的工具。

我同样相信，在走向商业化的进程中，相对家庭或个人化的领域，人工智能对改善企业运营会更有帮助。

第二，深度学习对数据的要求，无论是定性还是定量要求，都是巨量的。我们需要鼓励用户持续不断地提供数据、反馈数据。我们还需要让机器像生命体一样，具备不间断获取新信息、更新数据并持续学习的功能。

我们还要设计好用户界面，不要只给用户留一个结果，而是要给很多个结果，让人工智能成为人类提高学习效率和做出更优决策的辅助。

最后，应当为技术应用的领域设定一个较窄的范围，专注于你要解决的问题。不要从一开始就执迷想着搞一个特别伟大的超级技术。

人工智能席卷全球的时代一定会到来，并且在不久的将来。而我预测，中国将会成为全球人工智能领域的中坚力量，将会诞生许多世界级水平的人工智能企业。为何我会如此坚定因为中国具备了以下这些大大有利于人工智能发展的条件：

人才储备。中国科学家已经占据了全球人工智能科研力量的半壁江山。2015年，全球顶尖期刊上发表的43%的人工智能论文作者里，都有华人的身影。中国人对本国的数学、工程学和科学教育水平感到自豪。高素质顶尖年轻人才的涌入，是任何一个新兴产业赖以发展的关键基础。

传统行业薄弱。如今，许多中国传统企业在技术转化领域，还大幅落后于美国企业。但是这些中国企业坐拥的是海量数据和充沛资金。他们正热切期待着，随时准备投资能帮助企业拓展业务、提高收益、降低成本的人工智能技术与人才。

庞大的互联网市场。中国的互联网市场规模全球最大，网民人数逼近八亿大关，大量的互联网公司正在深耕市场。很多非人工智能的互联网公司成长到一定规模之后，为了转型升级、扩大规模，都会需要引入人工智能技术。

市场既封闭又开放。尽管美国企业人工智能领域现阶段发展领先全球，但他们要想进入中国市场必须跨越重重阻碍。中国市场需要的是本地化的解决方案和在地的供应商。然而与市场准入的封闭相比，中国政策对于人工智能的探索性和应用性采取相对开放路线，也可能促进行业的超速发展。

中国广阔市场上这些精准条件的出现，都预示着人工智能将会在中国这块肥沃的土地上飞速成长，成为引领全球人工智能发展的领头力量。

我也坚信，随着人工智能的涌现，人类终于将从繁重的机械劳动中解放出来，投身于更具有创造力、探索性、更高生产力的工作当中。人工智能，会是人类有史以来面临的最大风口，也是中国成为引领全球经济最大的机遇。

（李开复）

来源：世界经济论坛

三条主线构建人工智能发展支点

《经济参考报》记者在采访中注意到，近两年来，随着我国政府和企业对人工智能的认识逐步深入，一系列支持政策和举措在国家和地方层层推出。国内外专家学者认为，对于人工智能的发展，不能把其当作一个小周期的技术和产业来看待，要携手合作，协调推进，着眼于未来技术与伦理、经济与社会、科技与文化等多个维度和层面，从教育改革、创新立法等方面为人工智能发展创设和谐的社会环境和制度文化。

政策细化：注重落地层层推进

继 7 月份国务院印发《新一代人工智能发展规划》之后，人工智能产业再迎政策利好。据国家发改委消息，为贯彻落实"十三五"规划纲要，2018 年国家发改委将组织实施"互联网 +"、人工智能创新发展和数字经济试点重大工程。

据了解，"互联网 +"、人工智能创新发展重大工程，由各地发展改革委和有关中央管理企业组织申报；数字经济试点重大工程由有关部门和各地发展改革委组织申报。发改委将组织专家或委托有关部门（机构），对项目资金申请报告进行评审或评估，根据审核意见或咨询评估报告研究确定拟支持项目，并对拟支持项目进行公示。根据公示结果批复资金申请报告，并按照"成熟一批、启动一批、储备一批、谋划一批"的原则，统筹安排国家补助资金并下达投资计划。

"对于新兴的技术和产业，国家的引导和支持是必要的。我国政府对人工智能的政策是循序渐进的。"中国科技战略研究院有关研究员表示。

2006年，《国家"十一五"基础研究发展规划》中提及"人工智能"，把其作为计算科学的分支学科之一。2016年7月，国务院印发《"十三五"国家科技创新规划》，人工智能作为新一代信息技术中的一项被列入规划，规划指出"重点发展大数据驱动的类人智能技术方法；突破以人为中心的人机物融合理论方法和关键技术，研制相关设备、工具和平台；在基于大数据分析的类人智能方向取得重要突破，实现类人视觉、类人听觉、类人语言和类人思维，支撑智能产业的发展"。

2017年1月10日，在全国科技工作会议上，科技部部长万钢对媒体透露，目前正在编制人工智能的专项规划，同时还在研究论证人工智能重大项目的立项工作。2017年3月，"人工智能"首次被写入政府工作报告，政府工作报告指出，要加快培育壮大包括人工智能在内的新兴产业。

2017年7月，国务院正式印发《新一代人工智能发展规划》。其中明确提出，到2030年，人工智能理论、技术与应用总体达到世界领先水平，成为世界主要人工智能创新中心的战略发展目标。

据了解，为进一步推进人工智能产业发展，科技部、中科院、中国工程院、工信部将会同相关科研机构、产业组织和行业企业，在《新一代人工智能发展规划》等产业指导性文件的基础上，出台一批具体的产业推进措施，加速政策落地，促进我国人工智能产业在未来快速健康发展。据了解，目前多部门已形成专项小组，对人工智能技术攻关和产业发展的具体支持措施进行调研和起草。

中科院重大任务局局长王越超表示："国家正在实施的重大科技计划有几个都与人工智能有关，重大局作为中科院的牵头部门将尽力落实院党组的指示，做好服务和协调工作，正在组织专家编写和完善人工智能规划。"

据媒体报道，未来将出台的人工智能产业推进措施主要分为三大类。第一类是具体产业落地政策，包括出台针对人工智能中小企业和初创企业的财税优惠政策，通过高新技术企业税收优惠和研发费用加计扣除等支持人工智能企业发展政策；落实数据开放与保护相关政策，开展公共数据开放利用改革试点，支持公众和企业充分挖掘公共数据的商业价值；盘活现有资金，引导市场力量，建立健全人工智能产业发展基金。

第二类是推进各类人工智能创新发展。主要包括按照国家级科技创新基地布局和框架，统筹推进人工智能领域建设若干国际领先的创新基地；引导现有与人工智能相关的国家重点实验室、企业国家重点实验室、国家工程实验室等基地，聚焦新一代人工智能的前沿方向开展研究；前瞻布局新一代人工智能重大科技项目，形成以新一代人工智能重大科技项目为核心、现有研发布局为支撑的人工智能项目群；建立人工智能技术标准和知识产权体系，建设跨领域的人工智能测试平台，推动人工智能安全认证，评估人工智能产品和系统的关键性能。

第三类是制定促进人工智能发展的法律法规和伦理规范，开展与人工智能应用相关的民事与刑事责任确认、隐私和产权保护、信息安全利用等法律问题研究，建立追溯和问责制度，明确人工智能法律主体以及相关权利、义务和责任等。重点围绕自动驾驶、服务机器人等应用基础较好的细分领域，加快研究制定相关安全管理法规，为新技术的快速应用奠定法律基础。

优化教育：积极转型激活创新源头

技术提升的源头在于教育，中国人工智能的创新发展需要教育的创新和改革。清华大学战略性新兴产业研究中心的专家表示，为适应人工智能时代的需要，高等教育的相关专业应当重新定义，包括培养规格、办学定位、课程内容、考核标准和师资队伍建设标准等。

香港中文大学（深圳）校长徐扬生最近在一个论坛上就人工智能时代的教育改革发问。他说，人工智能将给我们的社会和生活带来极大的颠覆。在未来的15年，有50%的工作都将被取代。我们的教育体系需要怎样改革，才可以适应新时代的需求？年轻人又应该怎样准备才可以保持自己的竞争力呢？他认为，只有终身学习才能更好地过渡到人工智能时代。

人工智能的优势在于记忆和逻辑，而这正是人类的弱势。徐扬生举例，一个人能记住自己朋友的数量通常在几百个左右，超过5000个人就是超人了，但机器人记5万、50万个人是轻而易举的事情。所以人类应该强调自己的优势：想象力和创造力。教育体系不能一成不变，全世界的教育界都应检讨开设的课程和教学的内容等，要顺应时代的需求。

美国加州科技大学校长秦志刚认为，人工智能技术之所以能带来革命性变革，一是源于大数据与云计算技术的累积与铺垫，二是源于人工智能具备的深度学习能力。人工智能已陆续进入并深刻影响着电子商务、媒体、医疗和交通等多个领域。随着人工智能技术的日渐成熟，"人工智能＋教育"的新型模式将成为可能。

上海交通大学金融学教授陈工孟提到，人工智能将对各个产业各个岗位、社会各方面带来巨大冲击。我们正处在"云物大智"时代，云计算、大数据、物联网、智能化这四种技术，正以前所未有的规模和速度影响和左右着传统职业的生存和发展。原有的劳动岗位、劳动内容对体力智力的要求都发生了难以想象的变化。

"面对严峻挑战，我们的教育尤其是职业教育应该如何转型？核心就是两点，让学生学会做事，懂得做人，而不是简单的知识灌输。"陈工孟说。

美国人工智能专家 Mohammed Ali Khan 说，终身学习体系是适应人工智能市场发展的体系。"美国提供给学生不同级别的贷款、奖学金来支持愿意接受终身教育的学生。我们有很多创新的实践，来帮助推广和普及终身学习和教育。"

秦志刚指出，在享受人工智能带来便利的同时，我们需要反思乃至颠覆当前的教育理念，避免死记硬背带来的知识固化与滞后，提升对知识的运用，增强体验教育。以人工智能为依托的创新教育代替传统的填鸭式学习，或许在不久的将来就能变为现实。

中国人工智能学会有关负责人告诉记者，人工智能学会将整合人工智能领域教育培训资源，建立和培育一支专兼结合的基本师资队伍，探索在高校、研究院所与企业等机构合作开展教育培训工作的有效机制，鼓励扶持专家学者编写与产学研相结合的原创培训课程和教材，有计划、有成效地进行人工智能系列继续教育培训。

完善立法：趋利避害创设制度文化

国内外专家和学者在接受记者采访时都表示，对于人工智能的发展，全球都不能把其当作一个小周期的技术和产业来看待，相关国家要携手合作，协调推进，着眼于未来技术与伦理、经济与社会、科技与文化等多个维度和层面，从立法上创设人工智能发展的和谐社会环境和制度文化。

特斯拉和美国太空探索技术公司创始人兼首席执行官埃隆·马斯克表示，我们应该警惕人工智能崛起的潜在风险，并建立监管机构来引导这项强大技术的发展。那么，人工智能究竟有哪些潜在的风险？立法监管是必要的吗？

人工智能立法，是全球都面临的新课题。今年，美国国会提出了三部涉及人工智能的法案，包括《2017创新团法案》《2017全民计算机科学法案》及《2017在科学技术工程及数学领域中的计算机科学法案》。这三部法案分别关注了人工智能技术对美国人生活质量的改善价值及可能对部分工作的替代作用，并要求商务、教育等部门加强有关职业培训或者中学生的计算机科学教育。

目前，中国尚未出台人工智能相关的法律法规。不过，人工智能这个新兴行业已受到中国法律界的关注。清华大学法学院有关学者表示，针对人工智能行业的立法，既需要有一部体系和结构上相对完整的"人工智能法"，也需要有不同领域的相关法律加以配合与补充，而将人工智能提升至国家战略层面，毫无疑问将有助于立法迈出重要的一步。

北京科技法律界人士表示，人工智能会融入人们的生产和生活，并且会延伸到物流、农业、教育、制造等领域，必然要通过立法来调整这些关系，否则会陷入混乱。对人工智能进行立法监管，除了可以降低和控制人工智能崛起中产生的风险，也会对其发展起到促进和制度保障作用。这也是法律价值的要求。一部法律的出台，要对社会起到积极作用，它的价值首先表现在公平、自由、秩序方面。有了法律的调整，可以保证人工智能在良好有序的秩序下发展。

"依法治国首先要求有法可依，如果在人工智能方面没有法律的监管，那将会出现一个空白。有了法律的调整，才能保证社会秩序的稳定，并为公平公正提供保障。"北京市京师律师事务所律师郝明表示。

法律界人士建议，第一，应该对人工智能进行科学分类，在技术研发阶段就做好规范，比如程序员编写程序时注意人工智能不能伤害人类、保护隐私数据等；其二，为工业人工智能的开发和普及设立强制保险和基金，以弥补黑客攻击等事件造成的损失；其三，防范人工智能发展产生数字鸿沟给社会带来的负面影响，如养老、结构性失业等现实问题。

以上人士建议，目前人工智能在自动驾驶、服务类机器人方面，已经很明显地影响着人们的生活方式。立法应该优先考虑对人们生活已经有影响的领域，因此，在自动驾驶、服务类机器人领域，应该率先启动立法立项工作。

监管部门推进人工智能政策制定的同时，还应尝试引导行业自律。一些行业组织制定行业规则、公约相较立法周期更短，还可以根据突发情况灵活制定，也更容易为行业所接受，行业自律不能解决的底线问题，则需要通过立法进行规制。

专家和学者表示，通过立法对人工智能发展提供基本规则、趋利避害的同时，也要在相关法律规范的引导下，营造更好的创新文化。中国社会科学院学部委员李惠国说："建设世界科技强国，必须把科技创新摆在更加重要的位置。推动科技创新涉及诸多方面，能否培育良好的创新文化是重要基础。只有大力培育创新文化，才能为推动科技创新、建设世界科技强国提供良好的文化氛围和社会环境。"

中国社科院的研究报告指出，目前，社会各界普遍认为人工智能几乎涉及所有依靠数据收集、计算分析、简单重复与精准运作的经济领域。在这种所有经济领域中，人工智能将带来颠覆性的创新，其无比强大的原创力量，给创新创业、产业发展带来新机遇。这种创新文化主要体现在深度学习、跨界融合、人机协同、群智开放与自主操控。人工智能被视为改变人类命运的战略性技术，同时被视为将改变人类生产方式、生活方式的颠覆性技术，其本身具有的创新文化将给我们带来一系列文化创新。这种文化创新主要体现在知识学习、信息交流、思维模式；就业结构、分配关系、消费方式；法律制度、社会伦理、人际交往；国际关系、人类治理等。

（方家喜，经济参考报记者）

来源：《经济参考报》

如何培养集聚人工智能高端人才

党的十九大报告指出，推动互联网、大数据、人工智能和实体经济深度融合。人工智能作为新一轮产业变革的核心驱动力，将进一步释放历次科技革命和产业变革积蓄的巨大能量，对于打造新动能具有重要意义，正成为国际竞争的新焦点和经济发展的新引擎。作为人工智能发展的关键要素，人工智能人才的培养集聚已成为很多国家的战略重点。国家《新一代人工智能发展规划》指出，我国人工智能尖端人才远远不能满足需求，要把高端人才队伍建设作为人工智能发展的重中之重。

高端人才是人工智能发展的关键和竞争焦点

自1956年美国达特茅斯会议提出理念至今，人工智能几经起伏，直到最近几年，才终于进入快速突破和实际应用阶段。作为人类社会信息化的又一次高峰，人工智能正加速向各领域全面渗透，将重构生产、分配、交换、消费等经济活动环节，催生新技术、新产品、新产业。

人工智能的发展阶段和技术路线倚重高端人才。当前，人工智能正在从实验室走向市场，处于产业大突破前的技术冲刺和应用摸索时期，部分技术和产业体系还未成熟。在这个阶段，能够推动技术突破和创造性应用的高端人才对产业发展起着至关重要的作用。可以说，人才的质量和数量决定着人工智能发展水平和潜力。

对人才的争夺和培养是各国发展人工智能的重要策略。在各国发布的人工智能战略中，人才都是重要组成部分。美国白宫发布的《为人工智能的未来作好准备》以及《国家人工智能研发战略规划》中，对如何吸引人才着墨甚多。英国政府科学办公室发布的《人工智能、未来决策面临的机会和影响》也对如何保持英国的人工智能人才优势有特别说明；英国下议院科学技术委员会发布的《机器人技术与人工智能》调查报告中，对英国政府能否吸引人才从而保证英国在人工智能领域的领导力提出了敦促和质询。加拿大启动"泛加拿大人工智能战略"，重点提出增加加拿大人工智能领域的卓越学者和学生数量。

人工智能高端人才出现全球性短缺

人工智能人才出现了全球性短缺。从职位供求关系来看，根据某招聘平台统计，在全球范围内，通过该平台发布的人工智能职位数量从2014年接近 5 万个到 2016 年超过 44 万个。从人才薪酬来看，全球人才争夺处于"白热化"状态，人工智能人才的薪酬大幅度高于一般互联网人才。

人工智能人才的稀缺是全球产业变革的结果。人工智能人才问题，本质上是新产业变革带来的劳动能力需求转换所导致的人才结构性短缺。作为新一轮产业变革的核心驱动力和通用技术平台，人工智能将推动各个领域的普遍智能化，在这一过程当中，需要大量既熟悉人工智能又了解具体领域的复合型人才。2010 年前后，人工智能在海量数据、机器学习和高计算能力的推动下悄然兴起，2015 年随着图形处理器（GPU）的广泛应用和大数据技术的迅猛发展而进入爆炸式增长阶段，人才需求的激增导致人才供应的整体短缺。大量资金的投入，也造成了资金多项目少的情况，没有足够的人才来承接市场和政府投入的资源。而此前很多人工智能相关专业处于"冷门"状态，培养的人才数量有限。

目前的全球人工智能领军人才数量与质量均无法满足技术和产业发展的巨大需求。所以，不能仅把战略重点放在对全球存量人才的争夺上，要着手设计新的人才培养和人才发展计划。

全球人工智能人才培养与发展呈现新趋势

充足的高质量人才是人工智能深入发展的基础。从全球来看，人工智能人才培养和发展呈现一些新趋势。

学科深度交叉融合。人工智能技术人才，主要包括机器学习（深度学习）、算法研究、芯片制造、图像识别、自然语言处理、语音识别、推荐系统、搜索引擎、机器人、无人驾驶等领域的专业技术人才，也包含智能医疗、智能安防、智能制造等应用人才。人工智能是一个综合性的研究领域，具有鲜明的学科融合特点。

从区域来看，多学科的生态系统对人才培养至关重要。伦敦之所以能够拥有大量优秀的人工智能人才，与"伦敦－牛津－剑桥"密集的高校群和学科群生态密切相关。"伦敦—牛津—剑桥"这一黄金三角具有密集的教育研究资源和深厚底蕴。该地区拥有以牛津大学、剑桥大学、帝国理工大学和伦敦大学学院为中心的全世界最好的人工智能相关学科群，形成了良好的多学科生态。以阿兰·图灵研究所为代表的众多智能研究机构在技术实力上处于全球领先地位，这些高校和研究机构源源不断地培育出全球稀缺的人工智能人才。

从高校内部来看，推动学科交叉是大势所趋。近日，人工智能研究领域的翘楚卡耐基梅隆大学（Carnegie Mellon University，CMU）宣布启动 CMU AI 计划，旨在整合校内所有人工智能研究资源，促进跨学院、跨学科的人工智能合作，从而更好地培养人工智能人才，开发人工智能产品。该计划通过解决现实问题来牵引跨学科合作，并把合作落到实处，值得借鉴。

产学研深度融合。从研究内容和人才流动来看，科学家需要企业的数据和工程化能力，企业需要高校的研究人才，因此顶级人才得以在企业和高校间快速流动。谷歌等大公司聘请的高校优秀人才，大多还继续从事研究机构的工作。AlphaGo 项目的负责人戴维·席尔瓦（David Silver），至今仍在伦敦大学学院任教，在赢得人机大战后他专门回到学校，为学生们复盘 AlphaGo 技术，使得高校的研究能够与实践应用同步。

从培养模式来看，企业捐助研究，学生到企业实习，高校与产业界可以联合培养人才。Facebook 与纽约大学合作建立了一个致力于数据科学的新中心，纽约大学的博士生可以申请在 Facebook 的人工智能实验室长期实习。

从成果转化来看，人工智能领域算法创业的特点是技术成果转化周期非常短，基础研究成果甚至可以直接转化为创业项目。几个人的团队通过技术展示，常常就能融资几千万美金。而伦敦原有的积累和储备恰恰契合了以算法和人才为核心的人工智能创新创业的基本特点与规律。英国一些著名的人工智能公司，在单独成立之前都是作为大学的研究项目而存在。随着明星企业的不断出现，越来越多与这几所高校有关的人工智能人才加入创业行列，加速推动了伦敦地区的人工智能创业繁荣。

企业成为人工智能人才培养的新阵地。很多企业开始建立自己的人才培养体系。如百度成立深度学习研究院（IDL），在硅谷成立硅谷人工智能实验室等，由此不断产生技术创新，并吸引更多的国际尖端技术人才。百度还将推出"人工智能 Star 计划"，通过资金、培训、市场、政策等措施扶持优秀的人工智能创业团队。

我国人工智能高端人才的现状与挑战

从国家层面来看，人工智能人才的分布与教育基础、企业数量、投资情况等紧密相关。在总量方面，美国优势明显，而高端人才则集中于美国、德国和英国。美国之所以能聚集全球最多的人工智能人才，很大程度上得益于发达的科技产业和雄厚的科研实力。据各方统计，美国的人工智能企业数量占全球人工智能企业总量的 40% 多，其中谷歌、微软、亚马逊、Facebook、IBM 和英特尔等企业，更是整个行业的引领者。同时，美国拥有包括卡耐基梅隆大学、斯坦福大学以及麻省理工学院等数十家有影响力的人工智能科研院所。随着美国人工智能的发展，全球科技创新中心硅谷所在的加州，有着金融、媒体产业优势的纽约以及拥有人才优势的波士顿都成为了重要的人工智能中心。

综合各方面研究报告，中国人工智能人才总量仅次于美国，但是高端人才较少，原创成果较少。中国人工智能人才主要集中在应用领域，而美国人工智能人才主要集中在基础领域和技术领域。美国在芯片、机器学习应用、自然语言处理、智能无人机、计算机视觉与图像等领域的相关人才都远远超过中国。

我国的人工智能科研已经形成了较好的产出和实力，但原创性和有影响力的成果较少。我国在中文信息处理、语音合成与识别、语义理解、生物特征识别等领域处于世界领先水平，国际科技论文发表量和专利居世界第二，部分领域核心关键技术取得突破。2017 年年初，由美国人工智能协会（American Association for Artificial Intelligence）组织的人工智能国际顶级会议 AAAI 大会，中国和美国的投稿数量分别占 31% 和 30%。据统计，在 2013 年至 2015 年 SCI 收录的论文中，"深度学习"或"深度神经网络"的文章增长了约 6 倍，按照文章数量计算，美国已不再是世界第一；在增加"文章必须至少被引用过一次"条件后，中国在 2014 年和 2015 年都超过了美国。2017 年的顶级人工智能会议 NIPS（Neural Information Processing Systems，神经信息处理系统进展大会）录用文章 600 多篇，中国各高校共入选 20 多篇，而纽约大学就有 10 篇入选。

我国的人工智能人才有以下几个特点：

年轻生力军为主，资深人才短缺。据分析，中国人工智能人才在 28 岁至 37 岁年龄段的占总数的 50% 以上。相对而言，中国 48 岁及以上的资深人工智能人才占比较少，只有 3.7%，而美国 48 岁以上的资深人才占比 16.5%。这也是中国当前需要引进大量海外高端人才的原因。

科技公司表现强劲。从国内来看，核心科技公司占据了大部分人才资源。相关数据显示，国内人工智能人才主要集中在百度、阿里巴巴、腾讯、科大讯飞等多家科技领军企业中。其他两类企业也吸纳了大量人才，一是不断涌现的人工智能创业公司，二是将人工智能融入自身业务的企业。跨国公司如微软亚洲研究院等，仍然是优秀人工智能人才的优先选项。

高校仍有很大吸引力。尽管面临领军企业的人才争夺，国内高校对人工智能人才仍有很大的吸引力。数据显示，截至 2016 年年底，中国有 10.7% 的人工智能领域从业者曾在高校或研究所工作过，低于美国的 26.7%。

培养集聚人工智能高端人才的对策建议

培养和集聚人工智能高端人才，要根据人工智能发展规律和趋势，加强顶层设计，综合施策。

科学建设人工智能一级学科。在美国、英国等人工智能发展高地，著名院校大多设有人工智能相关专业和研究方向，而在中国，人工智能专业多分散于计算机和自动化等学科。建议按智能科学范畴建设一级学科，保持弹性和包容性，灵活设置二级学科。适当增加人工智能相关专业招生名额，多渠道筹措培养经费，加强人工智能研究的基础设施建设。

鼓励深度交叉学科研究与人才培养。在重点区域打造优良的学科生态系统。可以借鉴伦敦的相关经验，在北京、上海等高校和学科丰富的地区，打造智能学科群。培养造就一大批具有国际水平的战略科技人才、科技领军人才、青年科技人才和高水平创新团队。把增强人工智能素养贯穿于整个教育和职业培训体系，培养各类综合人才。

推进产学研合作的新培养模式，发挥领军企业的人才培养作用。鼓励企业创办研究机构，与学校联合建设实验室，培养人才。针对中国研究机构散而小的问题，成立公私合作的国际化、实体性、规模化的非营利性研究机构。鼓励研究人员在高校和企业之间流动。鼓励创业创新，促进人工智能成果转化和产业化。

鼓励精准引进一流人才，鼓励企业和高校院所联合引进人才。引导国内创新人才、团队加强与全球顶尖人工智能研究机构的合作互动。积极引进国际一流的研究机构，加大研究合作的国际化水平。制定专门政策，实现人工智能高端人才精准引进，支持企业和高校联合引进世界一流领军人才。重点引进神经认知、机器学习、自动驾驶、智能机器人等国际顶尖科学家和高水平创新团队。

抢抓新一轮海归人才潮机遇。大量美国、英国和日本的海归成为中国人工智能的重要力量。当前，我国人工智能发展势头强劲、市场广阔、资金充沛，要积极吸引海外相关人才回国创新创业，共同推动中国人工智能技术取得突破性进展。

（李辉，上海市科学学研究所副研究员；

王迎春，上海科技发展研究中心主任）

来源：《光明日报》

五、人工智能发展的不确定性带来新挑战

人工智能是影响面广的颠覆性技术，可能带来改变就业结构、冲击法律与社会伦理、侵犯个人隐私、挑战国际关系准则等问题，将对政府管理、经济安全和社会稳定乃至全球治理产生深远影响。在大力发展人工智能的同时，必须高度重视可能带来的安全风险挑战，加强前瞻预防与约束引导，最大限度降低风险，确保人工智能安全、可靠、可控发展。

——《新一代人工智能发展规划》

人工智能：威胁还是机遇

近来，人工智能成为热词，这次不是因为某部科幻电影，而是因为理论物理学家斯蒂芬·霍金、特斯拉公司首席执行官埃伦·马斯克等一些科学家、企业家及与人工智能领域有关的投资者联名发出的一封公开信。他们在信中警告人们必须更多地注意人工智能 (AI) 的安全性及其社会效益。要警惕其过度发展，因为得到充分发展的人工智能或许预示着人类最终被超越。霍金说："人工智能的全面发展可能导致人类的灭绝。"

其实早在 2014 年 5 月，霍金曾与另外几位科学家在为英国《独立报》撰文时就已表达过类似的忧虑，霍金认为人们目前对待人工智能的潜在威胁"不够认真"。"短期来看，人工智能产生何种影响取决于谁在控制它。而长期来看，这种影响将取决于我们还能否控制它。"

上述公开信的签名者包括了机器智能研究所执行主任吕克·米尔豪泽、麻省理工学院物理学教授兼诺贝尔奖得主弗兰克·维尔切克、人工智能企业 DeepMind 和 Vicarious 的幕后主管等一些大牌，故此信甫一问世即引起广泛关注。

人工智能危险论还得到了诸如霍金和尼克·博斯特罗姆的支持，后者还就这一话题发表了大部头新作《超级智能》（Super Intelligence），博斯特罗姆在书中具体地研究了人工智能为何有可能酿成灾祸，又会如何酿成灾祸。博斯特罗姆是牛津大学"人类未来研究所"的所长，该研究所专注于研究人类面临的生存威胁，是多个类似的新设研究机构之一。

相比之下，马斯克的看法更加引人注目，他用个人推特账号发布警示，进行长篇论述，称人工智能是人类遇到的最严重的"生存风险"。

反对者们担心什么——短期：导致失业大军　长期：智力水平或超过人类

在马斯克看来，人工智能对人类社会的威胁有短期和长期二种："短期而言，人工智能可能导致数以百万计的人失业；长期而言，可能出现一些科幻电影中的情况，人工智能的智力水平超过人类，开始'政变'。按人工智能的发展进度，在不久的将来，机器可能以不断加快的速度重新设计自己，超越受制于生物进化速度的人类，最终摆脱人类的控制。"

事实上，人工智能有可能令大量人类失业，已被反对者们列为眼下最迫在眉睫的议题。牛津大学教授"未来技术之影响"课程的卡尔·弗雷与迈克尔·奥斯本所做的一项研究清楚地表明了情况。他们对超过700份工作进行了分析，其中几乎一半工作在未来都能由电脑来完成。这一波由电脑来取而代之的浪潮不仅能摧毁那些低薪酬、低技能的工作（尽管那些工作确实面临严重的风险），还能摧毁某些白领工作和服务业工作，此前这些工作被认为是安全无虞的。技术正在大步前进，将接过人类的体力劳动和智力工作。

但另有一些反对者则站得更高，他们承认普遍失业确实是种严重的威胁，"但这可是我们早已见识过的一幕。在过往的技术剧变时期，人类会聪明地从过时的工作的灰烬中创造出全新的工作与行业。我们也许能幸免于难，逃过一劫，即使人工智能侵蚀更多依赖智慧的创造性行业"。因此，这些人认为，我们更应该关注的问题是，人类会不会失去它作为地球上最高智能生命的地位？

对于这些已经患上"人工智能焦虑症"的人士来说，当前研发自我 - 纠正算法（"机器学习"）的努力，再加上计算能力的持续增长，传感器无处不在，愈来愈多、收集全球各地的各种情报与信息的局面，会推动人工智能逼近人类，并最终成为超越人类的智能。

智能爆炸缘何如此令人担忧？一位反人工智能代表人士这样表达他的观点：原因在于智能并非工具或技术。我们也许认为人工智能是我们使用的某种东西，就像榔头或螺旋开瓶器一样，但那基本上是错误的想法。那些足够高级的智能——譬如我们人类——是创造性的力量。它的力量越强大，就越能重塑周遭的世界。

更具代表性的会是一种平淡得多的结局：人类被彻底消灭，只因为一个被授予了简单任务（比方说制造回形针，这是一个常常被用到的例子）的人工智能征用了地球上的所有能源与原材料，永无休止地大量制造回形针，人类试图阻止，但人工智能无论斗智斗勇都胜过了人类。

在好莱坞出品的电影中，总是会剩下一些人类实施反击，但假如人类面临的是真正超越人类的智能体，好莱坞版的结局就不太可能成真。局面会像小白鼠企图智胜人类一样（那时的我们就是小白鼠）。

乐观派的观点——恐怖论无根据，人工智能会带来很多机遇

当然，并非人人都认同这种灰暗的预测。在人工智能乐观派的阵营里，未来学家、谷歌公司工程总监雷·库茨魏尔也预见智慧机器会促成人类某种意义上的"灭绝"，但这绝不意味着人类的彻底消失，而是被包容成为超级智能的机器。库茨魏尔认为，这种"人类－机器共生体"并非技术灾难，而是人类从自身生物学弱点中获得最终的解放。

不少科学家认为，霍金对于人工智能的未来过于悲观。在他们看来，至少在相当长的时间里，人类还难以完全掌控这类技术的发展，而要让人工智能技术得到"充分发展"，还有很长的路要走。一些科学家怀疑人工智能是否会达到人类的智慧程度与认知程度，"更遑论超越人类了"。还有人——譬如纽约大学的加里·马库斯则选择保持中立。"我不知道任何表明我们应该担忧的证据，"马库斯说，"但也没有任何证据表明我们不应该担忧。"

英国数学家欧文·约翰·古德有过一段著名的描述，他把超智能机器的发展形容为"人类需要做的最后一项发明"，因为在超智能机器出现后，人类会把创新与技术研发的工作让给超智能机器这位更为智慧的继任者。"即使从人机交互（Siri）出现到人类灭绝并非是一条直线式的发展，我们人类大概还是应该更加严密地盯着点我们的机器"。

中国学者也表达了类似的观点。譬如，针对近两年国内出现的机器人热，有人担心会出现"机器换人"的情况，中科院自动化研究所研究员、复杂系统智能控制与管理国家重点实验室主任王飞跃的观点是，机器人一定不是把人换掉，而是有可能创造出新的职业，比如机器人程序员、机器人工程师等等，就像计算机发展起来之后，不但没有减少就业人口，反而围绕着计算机衍生出了更多的、前所未闻的新型工作岗位。因此，不是"机器换人"，而是"机器渡人"、"机器升人"、"机器化人"。最后走向人机合作，机器向人靠、人向机器拢，合而为一，成为工业生产与社会服务中真正的"机器人"。

针对史蒂芬·霍金和艾伦·马斯克的"人工智能威胁说",微软研究员埃里克·霍尔维茨称得上是坚定而理智的反击者,他这样回应:对于很多研究者来说,这样的恐惧是毫无依据的,而有些研究者则不确定,另一些则有同样的担忧。不管怎样,我们都应该重视这些问题,并且让大家明白,我们还是可以做一些努力,让人工智能被开发、利用的同时也能得到控制。作为科学家,我们需要保证这些关于人工智能系统的安全性、自主性的忧虑都会得到解决。"我们需要常常问自己:人们所害怕的这些结果真的有可能会出现吗?如果有可能,我们该如何主动避免它发生呢?"

　　"我个人的观点是人工智能将会让人类变得更强大。它会帮助解决问题,做更好的科学研究,会帮助应对在教育、医疗保健和饥荒问题上遇到的挑战。我觉得从积极方面看,人工智能会带来很多的机遇。在一定程度上,多年来我曾有的一些忧虑也都能得到解决。我对人工智能持有十分乐观的态度,而且对于人工智能对人类社会影响的研究和指导是十分必要的"。

（江世亮　姚人杰）

来源:《文汇报》

人工智能话语体系的建构

今天，与其说我们正在被人工智能所威胁，不如说我们正在被人工智能所构筑的话语体系所威胁。后者可能让我们变成现代版的堂吉诃德，在惶恐中与假想的风车进行战斗。麻省理工学院物理系教授迈克斯·泰格马克在《生命3.0》中将人类当下的存在方式视为生命2.0版本，它意味着人类主要依靠进化获得硬件，即身体的基本机能，却可以通过学习和思考来构筑软件，诸如人类的思维与创造力。而生命3.0，即今天被我们津津乐道的人工智能，则是能够"自己设计硬件和软件"的未来生命体。换言之，对于泰格马克这样的人工智能专家而言，其讨论范式早已不是机器如何模拟人的存在并构筑了对人类的威胁，而是相反，人的存在方式需要模拟机器（硬件、软件）来获得表达自身的套话语体系，正是这样一种话语体系统治了今天关于人工智能的讨论，并由此产生了一种无谓的恐惧：有血有肉的人类正在被可能拥有无限计算能力，同时又不知疲倦的机器所质疑与威胁。当然，目前更多的人对人工智能持乐观态度，他们勾勒出了一条实现美好智能化生活方式的基本途径。但不管是悲观主义视角还是乐观主义视角，其共有的是对人工智能的理解方式：

即基于机器的运行方式来理解人的存在方式，并在此基础上言说人与机器的比较性关系。

一

严格来说，这是一种还原论式样的思考模式，即，将人的行为进行人为的拆解：将行为背后的原因归结为人的机体的某个器官的作用。例如科学家弗朗西斯·克里克与克里斯托弗·科赫于 1990 年共同完成的有关"意识相关神经区"的开创性论文，详细描述了视觉、听觉、触觉可能对应的大脑不同部位；或者将人的行为还原为某种概率式的计算，比如泰格马克将意识的产生归结为信息的收集。由此形成的有关意识的理论将人的意识的构成还原成为科学可以"完全"把握的事实，具有物理学和数学的厚实基础。而所有可被科学完整把握的事实，就有可能被还原为一种 0 与 1 式的表述方式，最终为人工智能的加速发展添砖加瓦。

同样囿于这一还原论的语境，泰格马克这样界定有关人工智能讨论的核心概念：所谓智能，"即完成复杂目标的能力"；所谓意识，即主观体验；所谓目的论，即用目标或者意志而不是原因来解释事务。正是基于这一名词列表所构筑的话语体系，我们似乎面临着或可与人类对峙的挑战，因为在这套话语体系当中，原本属人的诸多特性——智能、意识、意志等问题都被还原为以"目标"为导向的行为动机。这种目标导向，原本只能算是复杂的人类行为最为外在的一种显现方式，但现在却构成了谈论人工智能的话语体系的基本要素。如果智能本身被还原为一种完成复杂目标的能力，那么人类智能将永远无法赶超被加速主义原则所支配的技术进步。因为它排除了属人的人类智能当中原本包含着丰富内涵的智慧，在后者当中，人类的情感与意志都呈现出诸多无法还原为基本算法的非确定性。

二

　　承认并正视这一非确定性是建构人工智能话语体系的一种可能性。它需要重新复苏一种特定的哲学人类学，让哲学的话语退回到康德时代有关"人是什么"的最终追问。而对人之本质最为晚近的思考终结于20世纪60年代的法国，后现代主义的勃兴一方面摒弃了当代法国存在主义对人之生存方式的痴迷，同时更以宣告人之死、主体之死的方式来终结了曾经盛极一时的哲学人类学。后现代主义思潮，如同古希腊怀疑论与诡辩论的一次复兴，它对于确定性的强烈拒斥在表面上似乎构成了对以确定性为旨归的科学技术发展的一种反叛，但实质上却以其对"本质"的否定，特别是对于人之本质的彻底否弃为科学技术毫无限制的蔓延提供了合法性。面对阿尔法狗（AlphaGo）战胜人类围棋高手与阿尔法元（AlphaZero）完胜阿尔法狗的事实，后现代主义者们以"怎么都行"的理论态度对之无可奈何。但正如诡辩论激发了柏拉图建构理念论，经验主义者休谟对于因果关系之先验确定性的怀疑激发了康德建构知识学，今天的人工智能不仅意味着一种技术的进步，更为根本的是它所建构的还原论话语体系，将再一次激发哲学人类学的重建。这一次哲学人类学的重建与柏拉图的理念论以及康德的知识学一样，都试图以对本质主义的重新探求树立人之尊严。因此，面对基于人工智能的技术支持而出现的物联网时代，当美国学者杰里米·里夫金惊呼"第三次工业革命"已经到来的时候，我们或许应当呼唤随之而来的又一次哲学人类学的复苏。

　　哲学人类学的复苏，其根本任务在于构筑一整套完全不同于人工智能的还原论话语体系，重新回答"人是什么"的哲学追问。阿尔法元给人类带来的恐慌，其根源在于它呈现了一种机器学习的能力，并在大数据的聚集与高速运算的技术支持之下实现了一种所谓的"深度学习"。但对于哲学人类学家而言，这样的一种学习能力在何种意义上挑战了人之为人的独特属性？对这一问题的追问，必将会逼迫我们更为深入地分析"人工的智能化"与"人的智能化"之间的根本区别。

三

人工的智能化建基于大数据与不断升级的各类算法。因为在还原论的话语体系当中，不仅"智能"成为完成复杂目标的能力，而且学习能力也被理解为一种叠加式的信息处理模式，它需要诸如记忆和分析等相关能力的辅助。但问题在于记忆究竟是什么，分析又是如何可能的？在深入探讨这些问题的时候，人工智能的专家再一次运用还原论的方式告诉我们，所谓记忆就是相关性信息的收集，换言之，人工智能总会将与其目标导向相关的信息加以累计。与之相似，分析能力也建基于对相关信息的归类。由此，对"相关性"的强化运用成为人工智能学习能力得以成立的基本原理。而这一原理在哲学上与18世纪英国哲学家休谟对于因果关系的分析颇为类似。休谟在分析因果关系这一左右人类知识形成的根本基石的时候，提出了一种彻底的经验主义方案，即以两个现象前后相继所构筑的相关性来建构一种因果性，从而形成人类知识。例如当我们分别以描述的口吻叙述"太阳晒"和"石头热"，其所提供的只是经验的杂多，也即人工智能话语体系中的数据信息，而当我们这样表述这一现象："因为太阳晒，所以石头热"，其间所加入的"因为""所以"使描述性的经验杂多成为一种知识，它们为两个独立的现象之间构筑了一种相关性。经验主义者正是在这种相关性之上建立起有关知识的确定性保障。从这一意义上说，人工智能所推进的机器学习能力的确定性建基于哲学的经验主义传统，它同时表现出的是将人的主观意识进行纯粹物质化的还原，这样做的结果，最终只会窄化对人的本质理解。

哲学人类学需要正视这种经验主义的挑战，以丰富人的本质的规定。正如我们今天需要恢复哲学人类学以对抗人工智能的挑战。在哲学发展史上，对经验主义的反抗有多种方式。例如康德式的对抗，其方式是将人的理性进行分类，将建基于相关性的知识学归入到知性之中，纳入理论理性的范围之内，将与人的自由意志相关的原则性保障归入到实践理性的范围之内，并在这两种理性之间划出一道鸿沟，以限定性的思维方式避免两种理性之间的相互僭越。再如黑格尔式的对抗，以绝对精神的自我运动的方式，将经验主义对知识学的建构纳入人类精神自我认知之整全性思考的过程当中，成为其必要环节。面对今天人工智能的挑战，黑格尔式的对抗方式，在某种意义上只会为人工智能增添其必要的合理性。人工智能在技术的加速发展当中呈现出一种不以人的意志为转移的客观性，它正以其还原论式的话语体系吞并着"人本身"，在算法的可无限拓展的意义上将自身变成为统治世界的"绝对精神"。因此在笔者看来，我们或许应当借鉴康德的有限性的视角为人类理性划界，将人工智能严格局限在一种知性的规范之内，限定其还原论式的话语表述方式对人的全部特质的僭越，即用器官性的、数据化的算法来解读人的行为以及行为背后的意志自由。我们必须坚持马克思以人为轴心的技术观，将机器视为人延长的手臂，而不是将人视为机器功能实现的中介，任何一种试图颠倒这一关系的讨论方式都将人推入有待批判的异化的境遇。面对人工智能的挑战，我们需要做的是重新凸显"人的智能"的独特性，凸显其中所包含着不可被还原为数据信息及其相应算法的情感性、意志性的人之属性，而非将理论的重心放入到所谓人机界限模糊了的"后人类主义"当中，将诸如机械替换部分大脑机能之类的赛博格讨论推上理论的舞台，因为这样一种讨论方式不过是让"人的智能"屈从于"人工智能"的话语体系。它的本质其实是人工智能另一套不战而屈人之兵的方略。

（夏莹，清华大学哲学系教授）

来源：《光明日报》

人工智能对"人"的挑战

人工智能是一种具有广泛应用前景、发展前途远大的高新科学技术，同时，也是一种远未成熟、后果难以预料的颠覆性技术。人工智能不仅正在深刻地改变世界，改变人类的生产和生活方式，而且它的发展在一定程度上正改变着"人"本身，改变着对"人"的认知。

一

在过去40亿年中，包括人在内的所有生命都是按照优胜劣汰的有机化学规律演化的，演化的过程既缓慢又艰辛，然而，作为无机生命的人工智能的发展日新月异，正在改变传统的演化规律和演化节奏。随着生物技术、智能技术的综合发展，人的自然身体正在被"修补""改造"和"重组"，人所独有的情感、创造力、社会性等正在为智能机器获得，人机互补、人机互动、人机结合、人机协同、人机一体化成为智能时代发展的趋势。当人的自然身体与智能机器日益"共生"或一体化，例如，人的基因密码被破译，基因被修复、改造、甚至被重新"编码"，各种生物智能芯片植入人脑，承担部分记忆、运算、表达等功能，一些残缺、受损或老化的身体器官被人造器官所替代，那时新兴的"共生体"究竟是"人"还是"机器"？或者说，在什么意义上、什么程度上是"人"？

人形智能机器人的研制是目前人工智能发展的一个重点领域。智能机器人在外形上可以不像人，但也可能"比人更像人"。或者说，借助现代生物技术和智能技术，智能机器人可以设计、制造得比普通人更加"标准"、更加"完美"。一些乐观的专家大胆预测，到2050年，人形智能机器人将变得和"真人"一样，令人难分彼此。也就是说，人形智能机器人可能拥有精致的五官、光洁的皮肤、健美的身材、温柔的性情、渊博的知识、敏捷的思维、得体的谈吐、优雅的风度……"凡是人所具有的，人形智能机器人都具有"。智能机器人可以根据时势的变化和特定的需要，随意变换外形、声音、性格、反应和行为模式；如果政策、法律和道德规范允许，任何一个人都可以定制一个或多个外形和内在类似的"自己"，令自己永远"活"在世界上。从此，智能机器人究竟是否是"人"，必将，甚至已经成为一个是非争辩不断的时髦话题。2017年10月25日，沙特阿拉伯第一个"吃螃蟹"，授予香港汉森机器人公司研发的女性机器人索菲娅（Sophia）以公民身份，就引发了一场轩然大波，并引发了人们深刻的反思。

二

正在研制的智能机器人不仅模糊了"人"本身，更是对人的本质提出了一定的挑战。

例如，"会思维"曾经被认为是人的本质特征，也是人作为"万物之灵"的骄傲。然而，随着人工智能的突破性发展，"机器也会思维"正在成为社会各界广泛的共识。众所周知，机械机器早已超过了人的体力、速度和耐力，例如，一个人力量再大，也无法与载重卡车、起重机、装载机相提并论；一个人跑得再快，也跑不过汽车、火车、飞机……在思维领域，"机器思维"也可能取得突破，全方位超越人类的思维水平，甚至将人类远远地抛在后面。2016年以来，阿尔法狗围棋机器人（AlphaGo）采用大数据的自我博弈训练方法，相继击败了李世石、柯洁等围棋世界冠军，展现了它在"变化无穷"的围棋领域优于人类的大局观、控制力和创造力；最新的阿尔法狗围棋机器人（AlphaGo Zero）更是完全不借助人类的棋谱，"抛弃人类的经验"，从随机走子开始自我对弈学习，仅仅40天就"自我训练"成为了世界最强；这既给围棋界和社会各界带来了颠覆性的感官刺激，也令我们见识了人工智能深度学习的威力，令智能系统具有控制力、创造性等变得不再那么有争议。实质上，当智能机器不仅在存储（记忆）、运算、信息传输等方面远超人脑，而且在控制力、想象力、创造力以及情感的丰富度等方面也超过人类时，就对人的思维本质构成了实质性的挑战。

又如，"劳动"或者"制造和使用生产工具"曾经被认为是人的本质特征。在当今社会的智能化进程中，智能机器人正越来越多地投入生产过程，替代人类从事那些自己不情愿承担的脏、累、重复、单调的工作，或者有毒、有害、危险环境中的工作；而且，正在尝试那些曾经认为专属于人类的工作，如做手术、上课、翻译、断案、写诗、画画、作曲、弹琴、自动驾驶、作战等，成为医生、教师、译员、律师、作家、音乐家、秘书、保姆、驾驶员、战士……不难想象，智能机器人的劳动态度更加"端正"，相比人更加"勤劳"，更加任劳任怨，生产效率也更高，堪称"劳动模范"。随着生产的信息化、自动化和智能化，未来的智能系统完全还可能根据劳动过程的需要，自主地制造或"打印"生产工具，灵活地运用于生产过程，并根据生产的发展而不断调适、完善。甚至，智能机器人还可以自行生产机器人，并根据生产和生活的需要而不断创新"生产工具"。2017年启用的中国规模最大的机器人产业基地沈阳新松智慧产业园，其C4车间是中国首个工业4.0生产示范实践厂区，就拟采用机器人生产机器人。如此一来，无论是制造和使用生产工具，还是更一般意义的劳动，都可能不再是人类的"专利"了。

再如，人的本质在于社会性，是"一切社会关系的总和"。当人形智能机器人取得实质性突破，以劳工、秘书、助手、同事、朋友之类身份进入人们的工作和社交范围，以保姆、宠物、情人、伴侣，甚至孩子之类身份进入家庭，成为人们工作、生活，甚至家庭中的新成员，可能就不会有太多的人坚持，智能机器人不可能获得一定的社会地位，不可能与人结成一定的社会关系。而且，基于互联网、大数据、物联网、云计算等，各种智能系统、智能机器人之间也可能需要在生产、生活中相互配合，相互协作，相互交往。而在各种现实的或虚拟的交往实践中，各交往主体之间是否会产生各种各样的利益纠葛？是否会产生同情、愉悦、痛恨、厌恶之类情感？是否可能结成一定的利益共同体，提出政治上的要求？是否会对传统的人伦关系、家庭和社会结构等造成实质性冲击？这些问题不断敲打着人们敏感的神经。自从有人希望订制个性化的机器人"伴侣"，与之"结婚"、组成别致的"新式家庭"，我们就逐渐意识到了其中蕴含的颠覆性意义。

三

如果以上的描述和分析成立，智能机器人将在一定意义上是"人"，或者在一定程度上具有"人的本质"，那么，就难免导致以下一系列"顺理成章"的问题：智能机器人是否享有自由、人权等基本权利，包括避免被人类过度使用，或者置于可能导致软硬件受损的恶劣环境之中；是否具有与自然人同等的人格和尊严，包括不能被视为人们的"仆人"，不能够侮辱和虐待；是否应该被确立为道德或法律主体，当造成了一定的经济或社会后果后，承担相应的行为责任；智能机器人可否像自然人一样，与其他智能机器人自由交往，基于共同的兴趣或利益结成一定的"社会组织"，提出经济和政治上的诉求……这类问题还有很多，并且新的问题肯定会如雨后春笋般涌现出来。

观照现实，社会的信息化、智能化大潮汹涌澎湃，智能机器人可以比较廉价地生产，且仍然在不断地开发、完善和升级；智能机器人已经广泛进入人们的学习、生产、生活、休闲、娱乐过程，成为人们学习的老师、工作的伙伴、生活的助手、游戏的玩伴，甚至像家庭成员一样的机器人伴侣、孩子……有人声称，猫、狗之类宠物尚且享有一定的动物权利，人形智能机器人与它们相比"更加高级"，它们是否更应该受到尊重，拥有更多的权利？展望未来，智能技术正呈现加速度发展趋势，具有自主意识、创造能力、类人情感、社会交往属性的智能机器人已经渐露端倪，很有可能变得与自然人难以区分。这一切令"人是什么"和人的本质成为一个难以回避的问题。

（孙伟平，上海大学社会科学学部哲学系教授）

来源：《光明日报》

人工智能机器人与人类是否需要重新立约?

形成全面的冲击和挑战

据说有这样一个故事。在 2030 年代的某一天，一群探险者进入到一座废弃的城市，这座昔日繁华的工业城市如今变成了一堆废墟。在这些废墟中，他们遇到一位老人，这座城市的唯一的幸存者。老人讲述了城市的故事，原来这里曾经是一个人工智能非常盛行的城市，于是城里唯一的工厂将工人们陆续解雇，换成机器人。结果，城里人都慢慢饿死了，而工厂的产品也卖不出去，都破产了。于是城里的人都搬的搬，死的死，工厂的老板追悔莫及，最后自杀谢罪。城里只剩下老板的儿子还活着。也就是这一位孤独的老人，让故事中的探险者有机会听到这个故事。

这个故事显然充满悲观主义色彩，但是故事所包含的问题和忧患意识，却值得关注。无论如何定义人工智能，机器人取代人类的部分劳动岗位，这是历史多次出现、并且还将会以新的形式不断出现的现实。在西方资本主义发展初期，随着大机器工业取代手工业，曾出现所谓"机器吃人"的情况。今天，工业生产的自动化和智能化，将导致"机器人吃人"的现象。当然，也有人对此持乐观的看法，认为技术的进步，虽然使一些旧的工作消失，却也产生一些新的工作，此消彼长，总的就业机会得以平衡。然而，人工智能的出现，使得一种智力和体力都超过人类的新型机器人得以诞生，这也使得人类的绝大多数劳动领域都有可能被机器人所取代，因此造成的社会危机也将是前所未有的。而且，人工智能的出现，给人类社会所带来的挑战，也许不仅仅只是在于就业方面，而是对整个社会哲学形成了全面的冲击和挑战。

前不久刚刚结束的法国总统大选，社会党候选人哈蒙虽然竞选失利，但是在他所提出的一些施政方案中，有两个观点却极具前瞻性。其中一条在于，主张设立全民生存收入，给所有公民发放一定数量的生活补贴；另一条在于，在税收方面，针对自动化取代人工的现象，创设一项"机器人捐金"，资金交给一个工作过渡基金管理。表面看来，哈蒙似乎故作惊人之论以讨好选民，实际上，这两个观点过于前卫。就第一点而言，如果随着机器人和人工智能的发展，大量的工作被机器人所取代，而并没有同时创造出同等数量的新的工作机会，那么在社会之中，存在着大量的失业人口可能成为一种常态。对于政府而言，如何让这些人得以维持基本的、不失体面的生存，将是一个严峻的问题。就第二点而言，在企业中使用机器人以取代工人的岗位，所导致的不只是一名或者若干名相应职位工人的下岗，而且也是社会的总就业岗位和就业机会的减少。如果说企业通过采用机器人取代自然人而增加了营利，那么就社会而言则是因为总的就业机会的减少而增加了社会的风险。因此向企业征收"机器人捐金"也可以视为合理之举。

重新思考社会契约如何可能

Alpha Go 战胜李世石和柯洁的事件表明，任何一种人类活动，如果最终可以转化为数据，在这项活动中电脑皆可战胜人脑。通过强大的计算能力、海量的信息存储能力、高效的信息处理能力以及深度学习能力，使得计算机在信息的收集和处理方面，远远地超过人脑。而且人工智能不只是用来下围棋、写小说，而且也开始用在一些更有实用意义的领域。例如在医学领域，IBM 已经研发出一个超级机器人"沃森"，它存储了海量的医学信息，可以通过临床医学输入的病人信息，提供相应的治疗方案。例如 Google、百度等正在研究汽车自动驾驶。

如此种种都在提醒我们，人工智能并不遥远。也许有一天，正如美剧《西部世界》所描述的，一些如同真人一般行动、说话、感受的机器人，就会生活在我们身边。如果这些机器人更进一步具备了独立思考和行动的自由意志，那么由于机器人在体力和智力两方面都远超人类，将对未来的人类提出怎样严峻的挑战？人类原有的各种社会哲学，似乎并不足以构想人与人工智能机器人的关系，那么，是否有可能设想一种包括了人与机器人在内的新的社会契约论。

在人类历史中，出现了形形色色的社会哲学的理论，但大体上说来都是人类中心主义的，或者说都是从人类的视角出发来构想社会。概括言之，社会哲学要考察四个层次：个人（个体）、家庭（家族）、社会（市民社会）、国家（城邦）。古今中外的哲学家，从不同的视角、不同的层次出发，形成了不同的哲学。有人特别关注个人的幸福和解脱，视社会、国家为外在的羁绊，有着强烈的出世主义的倾向，如庄子和佛陀。有人特别重视家庭，把国家视为放大的家庭，认为修身齐家和治国平天下乃是基于同样的道理，如儒家。有人以城邦为出发点，于是将人视为政治动物，例如亚里士多德就认为人脱离城邦非神即兽。从市民社会出发，认为个人作为理性的存在者通过签订契约形成社会和国家，这是早期近代哲学的产物，体现在霍布斯、洛克、卢梭等人的著作中。在他们看来，社会是由无数个"原子个人"通过一定方式组合而成。首先存在着某种自然状态，在自然状态中每个个体都是一个孤立的、自足的人格或者意志，然而这种自然状态无法长期地持续下去，人与人之间会陷入互相斗争、彼此敌对的普遍战争状态，正如霍布斯所说的"人对人是狼"。但由于人是理性的个体，因此通过计算利害得失，发现可以通过人与人之间签订契约，将个人权利交付给国家，可以告别战争状态，从而由自然状态过渡到法权状态。

然而，当我们将人工智能机器人，也视作某种人格、视作社会的成员、视作社会契约的签约方之一，就会发现"人类版"的社会契约论的许多前提需要重新加以思考。对于人类而言，尽管有着体力、智力、出身等方面的不平等，但大体上每个人的理性能力是大体相当的，每个人都是一个理性的存在者。然而人工智能机器人，其理性能力却可能远远超出人类，从而是某种超理性的存在者。

再者，对于人类而言，他心是不可知的，尽管可以进行猜测，但总无法准确地计算和预测他人的想法和行动，因此人类的行动领域总是出现大量的意外事件。而对于人工智能机器人而言，各个机器人之间的信息却可以互通互享，从而至少在机器人之间不存在不可知的他心问题。在笔者看来，更为可怕的，也许在于人工智能机器人不具备真正的情感，因此不具备怜悯心与同情心的人格。一个显而易见但却经常被哲学家们所忽视的事实就在于，人类的诞生和成长总是在家庭之中，人是在家庭中成长为幼儿，进而再通过社会的培养才得以长大成人，人的情感正是在家庭与社会之中形成的。一个有情感的人，才会有同情心。

然而，人工智能机器人却是工业生产线的产物，他所需要的只是信息的认知和处理能力，完全不需要情感。当然，可以通过程序的设计，让机器人模拟人的情感，但模拟永远不等于真实，因此机器人不会有真正的情感，也将不具备真正的同情心。当然，仍然可以假设机器人作为理性存在者，可以遵守一种功利主义的道德规范，但这些机器人将是一种冷酷、严格、毫无人情味的行动者。远远超出人类的理性能力，冷酷到极致的功利主义道德观，当未来的人类面对这样一种人格，如何与之互动来形成一种新的社会契约呢？面对社会之中不断到来的新的他者，在原有的社会契约上进行补丁式的修修补补是远远不够的，而是需要用一种开放的思想姿态，来重新思考社会契约如何可能之问题。

（邓刚，上海交通大学人文学院哲学系讲师）

来源：《社会科学报》

信息时代的伦理审视

■ 人与人工智能的关系，既不是主体与客体之间的关系，也不是主体之间的关系，而是一种主体与类主体之间的关系。

■ 信息技术已渗透到人们的日常生活，也深度融入国家治理、社会治理的过程中，对于实现美好生活、提升国家治理能力、促进社会道德进步发挥着越来越重要的作用。

■ 在可以预见的将来，人工智能将重塑生产力、生产关系、生产方式，重构社会关系、生活方式。

■ 从整体上看，应对信息化深入发展导致的伦理风险，应当遵循服务人类原则、安全可靠原则、以人为本原则、公开透明原则。

习近平同志指出，当前，以互联网、大数据、人工智能为代表的新一代信息技术日新月异，给各国经济社会发展、国家管理、社会治理、人民生活带来重大而深远的影响。现代信息技术的深入发展和广泛应用，深刻改变着人类的生存方式和社会交往方式，深刻影响着人们的思维方式、价值观念和道德行为。

信息时代的伦理变革

信息化正在广泛而深刻地影响和改变着人类社会，它不仅对人类引以为荣的智能唯一性发出有力挑战，而且有可能动摇人类的道德主体地位。

目前，智能机器已获得深度学习能力，可以识别、模仿人的情绪，能独立应对问题等。那么，智能机器能否算作"人"？人与智能机器之间的关系应当如何定位、如何处理？智能机器应当为其行为承担怎样的责任？智能机器的设计者、制造者、所有者和使用者又应当为其行为承担怎样的责任？人们会不会设计、制造并使用旨在控制他人的智能机器？这样的情况一旦出现，人类将面临怎样的命运？这一系列问题关乎人伦关系的根本性质和价值基础，也关乎人类整体的终极命运。

在传统意义上，人与物的关系是主体与客体的关系。信息时代，人工智能创造物已不仅仅是技术化的工具，而是越来越具有类似于人类思维的能力，甚至在某些方面具有超越人类思维的能力。可以说人与人工智能创造物的关系，既不是主体与客体之间的关系，也不是主体之间的关系，而是一种主体与类主体之间的关系。例如，倘若自动驾驶汽车出了交通事故，该由谁承担责任？面对诸如此类的问题伦理学应该如何确立"伦"与"理"？从伦理学角度看，当大数据和人工智能的发展改变甚至颠覆人类活动的主体地位时，传统伦理就会发生解构，人具有排他性主体地位的伦理时代就可能结束。

信息时代的伦理进步

信息技术已渗透到人们的日常生活中，也深度融入国家治理、社会治理的过程中，对于实现美好生活、提升国家治理能力、促进社会道德进步发挥着越来越重要的作用。

信息化深入发展有助于改善政府部门与人民群众的关系。比如，在政务服务领域，各地积极推进"互联网＋政务服务"，推出"最多跑一次"事项清单，甚至部分事项"一趟不用跑"，打通政务服务的"最后一公里"，实现"让数据多跑路、让群众少跑腿"，不断增强人民群众的获得感幸福感安全感。又如，在反腐败领域，各地探索运用互联网、大数据和信息化手段，通过微信、微博、手机客户端等新媒体，让失德官员无处躲藏，权力运行更加阳光。

信息化深入发展为最大程度实现社会公平提供技术条件。例如，在教育领域，信息技术打破时空藩篱，让即便身在地球两端的学生也能同上一堂课；打破城乡壁垒，让农村孩子有机会与城里孩子享受到同等教育资源；打破线上线下界限，让学习无处不在、课堂互动"永不下线"，进一步促进优质资源共享和教育公平。

信息化深入发展扩大社会交往，提出更高的伦理道德要求。传统的社会交往主要局限于相对狭小的熟人范围，人们之所以遵守伦理道德很大程度上是因为相对狭小的熟人圈子中无所不在的外在监督，并且一些人对伦理道德的信守主要局限于相对狭小的熟人圈子，对圈子之外的人则未必守信。现代社会交往日益突破传统的熟人交往范围，建基于强大信息技术的互联网进一步打破传统交往的时空限制，使之成为普遍性的社会交往。这就要求人们具备更高程度的道德自律、更高程度的宽容与尊重，从而促进形成以普遍的诚实、守信为价值基础的现代社会公德。

互联网是一个实时、动态、开放的社交平台，各种悖德行为一旦曝光，就会在很短时间内遭到广泛的舆论谴责，在使悖德行为者承受压力的同时，让更多人受到潜移默化的教化。尤其是自媒体的广泛兴起，让人们随时随地能将身边的人和事拍摄下来、发到网上，更广泛有效地发挥社会舆论的监督、谴责与教化作用。

信息化深入发展使包括身份信息和行为信息在内的各类信息变得更透明、更对称、更完整，大大提升了对悖德行为乃至违法犯罪行为的防控、识别、监督、追究与惩处能力。例如，居民身份证存储着个人信息并实现全国联网，入住酒店、乘坐交通工具、购置房产以及其他一些有必要知晓行为人身份的行为或业务往来，都要求提供身份证明；政府部门借助发达的网络和信息传递技术，广泛而及时地向人们公布、推送失信人或其他违法犯罪分子的相关信息；重要公共场所安装高清摄像头，有的场所则配置更为先进的人脸识别技术。这使得悖德行为者及违法犯罪分子处于无所不在的监控之下而无处遁形，促使人们更审慎地权衡利弊并尽可能地减少、规避失信行为或其他违法犯罪行为，有效维护、巩固和增进以诚信为基础的主流伦理道德。

信息时代的道德风险

在可以预见的将来，人工智能将重塑生产力、生产关系、生产方式，重构社会关系、生活方式。

实际上，人工智能算法带来的歧视隐蔽而又影响深远。信息的不对称、不透明以及信息技术不可避免的知识技术门槛，客观上会导致并加剧信息壁垒、数字鸿沟等违背社会公平原则的现象与趋势。如何缩小数字鸿沟以增进人类整体福利、保障社会公平，这是一个具有世界性意义的伦理价值难题。

信息技术在加速大数据传播、搜集、共享的同时，也为一些国家或组织利用网络霸权干涉别国内政或实施网络攻击提供了漏洞和暗网，严重威胁国家主权和安全。因此，防范数据霸权是信息时代维护国家主权的重要内容。

互联网时代出现的一些现象和趋势，应当引起高度重视。例如，有些人沉迷于网络虚拟世界，厌弃现实世界中的人际交往。这种去伦理化的生存方式，从根本上否定传统社会伦理生活的意义和价值，放弃自身的伦理主体地位以及相应的伦理责任担当，已经触及价值观念基础这一更为根本的层面。

应对信息时代伦理风险的道德原则

习近平同志强调："要整合多学科力量，加强人工智能相关法律、伦理、社会问题研究，建立健全保障人工智能健康发展的法律法规、制度体系、伦理道德。"面对信息技术的迅猛发展，有效应对信息技术带来的伦理挑战，需要深入研究思考并树立正确的道德观、价值观和法治观。从整体上看，应对信息化深入发展导致的伦理风险应当遵循以下道德原则。

服务人类原则。要确保人类始终处于主导地位，始终将人造物置于人类的可控范围，避免人类的利益、尊严和价值主体地位受到损害，确保任何信息技术特别是具有自主性意识的人工智能机器持有与人类相同的基本价值观。始终坚守不伤害人自身的道德底线，追求造福人类的正确价值取向。

安全可靠原则。新一代信息技术尤其是人工智能技术必须是安全、可靠、可控的，要确保民族、国家、企业和各类组织的信息安全、用户的隐私安全以及与此相关的政治、经济、文化安全。如果某一项科学技术可能危及人的价值主体地位，那么无论它具有多大的功用性价值，都应果断叫停。对于科学技术发展，应当进行严谨审慎的权衡与取舍。

以人为本原则。信息技术必须为广大人民群众带来福祉、便利和享受，而不能为少数人所专享。要把新一代信息技术作为满足人民基本需求、维护人民根本利益、促进人民长远发展的重要手段。同时，保证公众参与和个人权利行使，鼓励公众提出质疑或有价值的反馈，从而共同促进信息技术产品性能与质量的提高。

公开透明原则。新一代信息技术的研发、设计、制造、销售等各个环节，以及信息技术产品的算法、参数、设计目的、性能、限制等相关信息，都应当是公开透明的，不应当在开发、设计过程中给智能机器提供过时、不准确、不完整或带有偏见的数据，以避免人工智能机器对特定人群产生偏见和歧视。

（曾建平，中国伦理学会副会长）

来源：《人民日报》

人工智能时代提出的法律问题

我们已经进入人工智能时代，大数据和人工智能的发展深刻地影响着我们的社会生活，改变了我们的生产和生活方式，也深刻地影响社会的方方面面。但同时，它们也提出了诸多的法律问题，需要法学理论研究工作者予以回应。

人工智能的发展涉及人格权保护问题

现在很多人工智能系统把一些人的声音、表情、肢体动作等植入内部系统，使所开发的人工智能产品可以模仿他人的声音、形体动作等，甚至能够像人一样表达，并与人进行交流。但如果未经他人同意而擅自进行上述模仿活动，就有可能构成对他人人格权的侵害。此外，人工智能还可能借助光学技术、声音控制、人脸识别技术等，对他人的人格权客体加以利用，这也对个人声音、肖像等的保护提出了新的挑战。例如，光学技术的发展促进了摄像技术的发展，提高了摄像图片的分辨率，使夜拍图片具有与日拍图片同等的效果，也使对肖像权的获取与利用更为简便。此外，机器人伴侣已经出现，在虐待、侵害机器人伴侣的情形下，行为人是否应当承担侵害人格权以及精神损害赔偿责任呢？但这样一来，是不是需要先考虑赋予人工智能机器人主体资格，或者至少具有部分权利能力呢？这确实是一个值得探讨的问题。

人工智能的发展也涉及知识产权的保护问题

从实践来看，机器人已经能够自己创作音乐、绘画，机器人写作的诗歌集也已经出版，这对现行知识产权法提出了新的挑战。例如，百度已经研发出可以创作诗歌的机器人，微软公司的人工智能产品"微软小冰"已于2017年5月出版人工智能诗集《阳光失了玻璃窗》。这就提出了一个问题，即这些机器人创作作品的著作权究竟归属于谁？是归属于机器人软件的发明者？还是机器人的所有权人？还是赋予机器人一定程度的法律主体地位从而由其自身享有相关权利？人工智能的发展也可能引发知识产权的争议。智能机器人要通过一定的程序进行"深度学习""深度思维"，在这个过程中有可能收集、储存大量的他人已享有著作权的信息，这就有可能构成非法复制他人的作品，从而构成对他人著作权的侵害。如果人工智能机器人利用获取的他人享有著作权的知识和信息创作作品（例如，创作的歌曲中包含他人歌曲的音节、曲调），就有可能构成剽窃。但构成侵害知识产权的情形下，究竟应当由谁承担责任，这本身也是一个问题。

人工智能的发展涉及数据财产的保护问题

我国《民法总则》第127条对数据的保护规则作出了规定，数据在性质上属于新型财产权，但数据保护问题并不限于财产权的归属和分配问题，还涉及这一类财产权的安全，特别是涉及国家安全。人工智能的发展也对数据的保护提出了新的挑战，一方面，人工智能及其系统能够正常运作，在很大程度上是以海量的数据为支撑的，在利用人工智能时如何规范数据的收集、储存、利用行为，避免数据的泄露和滥用，并确保国家数据的安全，是亟须解决的重大现实问题。另一方面，人工智能的应用在很大程度上取决于其背后的一套算法，如何有效规范这一算法及其结果的运用，避免侵害他人权利，也需要法律制度予以应对。目前，人工智能算法本身的公开性、透明性和公正性的问题，是人工智能时代的一个核心问题，但并未受到充分关注。

人工智能的发展还涉及侵权责任的认定问题

人工智能引发的侵权责任问题很早就受到了学者的关注，随着人工智能应用范围的日益普及，其引发的侵权责任认定和承担问题将对现行侵权法律制度提出越来越多的挑战。无论是机器人致人损害，还是人类侵害机器人，都是新的法律责任。据报载，2016年11月，在深圳举办的第十八届中国国际高新技术成果交易会上，一台名为小胖的机器人突然发生故障，在没有指令的前提下自行打砸展台玻璃，砸坏了部分展台，并导致一人受伤。毫无疑问，机器人是人制造的，其程序也是制造者控制的，所以，在造成损害后，谁研制的机器人，就应当由谁负责，似乎在法律上没有争议。人工智能就是人的手臂的延长，在人工智能造成他人损害时，当然应当适用产品责任的相关规则。其实不然，机器人与人类一样，是用"脑子"来思考的，机器人的脑子就是程序。我们都知道一个产品可以追踪属于哪个厂家，但程序是不一定的，有可能是由众多的人共同开发的，程序的产生可能无法追踪到某个具体的个人或组织。尤其是，智能机器人也会思考，如果有人故意挑逗，惹怒了它，它有可能会主动攻击人类，此时是否都要由研制者负责，就需要进一步研究。

前不久，深圳已经测试无人驾驶公交线路，引发全球关注。但由此需要思考的问题就是，一旦发生交通事故，应当由谁承担责任？能否适用现行机动车交通事故责任认定相关主体的责任？法律上是否有必要为无人驾驶机动车制定专门的责任规则？这确实是一个新问题。

人工智能的发展还提出机器人的法律主体地位问题

今天，人工智能机器人已经逐步具有一定程度的自我意识和自我表达能力，可以与人类进行一定的情感交流。有人估计，未来若干年，机器人可以达到人类 50% 的智力。这就提出了一个新的法律问题，即我们将来是否有必要在法律上承认人工智能机器人的法律主体地位？在实践中，机器人可以为我们接听电话、语音客服、身份识别、翻译、语音转换、智能交通，甚至案件分析。有人统计，现阶段 23% 的律师业务已可由人工智能完成。机器人本身能够形成自学能力，对既有的信息进行分析和研究，从而提供司法警示和建议。甚至有人认为，机器人未来可以直接当法官，人工智能已经不仅是一个工具，而且在一定程度上具有了自己的意识，并能作出简单的意思表示。这实际上对现有的权利主体、程序法治、用工制度、保险制度、绩效考核等一系列法律制度提出了挑战，我们需要妥善应对。

人工智能时代已经来临，它不仅改变人类世界，也会深刻改变人类的法律制度。我们的法学理论研究应当密切关注社会现实，积极回应大数据、人工智能等新兴科学技术所带来的一系列法律挑战，从而为我们立法的进一步完善提供有力的理论支撑。

（王利明，中国人民大学副校长）

来源：《北京日报》

附　录

新一代人工智能发展规划

人工智能的迅速发展将深刻改变人类社会生活、改变世界。为抢抓人工智能发展的重大战略机遇，构筑我国人工智能发展的先发优势，加快建设创新型国家和世界科技强国，按照党中央、国务院部署要求，制定本规划。

一、战略态势

人工智能发展进入新阶段。经过 60 多年的演进，特别是在移动互联网、大数据、超级计算、传感网、脑科学等新理论新技术以及经济社会发展强烈需求的共同驱动下，人工智能加速发展，呈现出深度学习、跨界融合、人机协同、群智开放、自主操控等新特征。大数据驱动知识学习、跨媒体协同处理、人机协同增强智能、群体集成智能、自主智能系统成为人工智能的发展重点，受脑科学研究成果启发的类脑智能蓄势待发，芯片化硬件化平台化趋势更加明显，人工智能发展进入新阶段。当前，新一代人工智能相关学科发展、理论建模、技术创新、软硬件升级等整体推进，正在引发链式突破，推动经济社会各领域从数字化、网络化向智能化加速跃升。

人工智能成为国际竞争的新焦点。人工智能是引领未来的战略性技术，世界主要发达国家把发展人工智能作为提升国家竞争力、维护国家安全的重大战略，加紧出台规划和政策，围绕核心技术、顶尖人才、标准规范等强化部署，力图在新一轮国际科技竞争中掌握主导权。当前，我国国家安全和国际竞争形势更加复杂，必须放眼全球，把人工智能发展放在国家战略层面系统布局、主动谋划，牢牢把握人工智能发展新阶段国际竞争的战略主动，打造竞争新优势、开拓发展新空间，有效保障国家安全。

人工智能成为经济发展的新引擎。人工智能作为新一轮产业变革的核心驱动力，将进一步释放历次科技革命和产业变革积蓄的巨大能量，并创造新的强大引擎，重构生产、分配、交换、消费等经济活动各环节，形成从宏观到微观各领域的智能化新需求，催生新技术、新产品、新产业、新业态、新模式，引发经济结构重大变革，深刻改变人类生产生活方式和思维模式，实现社会生产力的整体跃升。我国经济发展进入新常态，深化供给侧结构性改革任务非常艰巨，必须加快人工智能深度应用，培育壮大人工智能产业，为我国经济发展注入新动能。

人工智能带来社会建设的新机遇。我国正处于全面建成小康社会的决胜阶段，人口老龄化、资源环境约束等挑战依然严峻，人工智能在教育、医疗、养老、环境保护、城市运行、司法服务等领域广泛应用，将极大提高公共服务精准化水平，全面提升人民生活品质。人工智能技术可准确感知、预测、预警基础设施和社会安全运行的重大态势，及时把握群体认知及心理变化，主动决策反应，将显著提高社会治理的能力和水平，对有效维护社会稳定具有不可替代的作用。

人工智能发展的不确定性带来新挑战。人工智能是影响面广的颠覆性技术，可能带来改变就业结构、冲击法律与社会伦理、侵犯个人隐私、挑战国际关系准则等问题，将对政府管理、经济安全和社会稳定乃至全球治理产生深远影响。在大力发展人工智能的同时，必须高度重视可能带来的安全风险挑战，加强前瞻预防与约束引导，最大限度降低风险，确保人工智能安全、可靠、可控发展。

我国发展人工智能具有良好基础。国家部署了智能制造等国家重点研发计划重点专项，印发实施了"互联网＋"人工智能三年行动实施方案，从科技研发、应用推广和产业发展等方面提出了一系列措施。经过多年的持续积累，我国在人工智能领域取得重要进展，国际科技论文发表量和发明专利授权量已居世界第二，部分领域核心关键技术实现重要突破。语音识别、视觉识别技术世界领先，自适应自主学习、直觉感知、综合推理、混合智能和群体智能等初步具备跨越发展的能力，中文信息处理、智能监控、生物特征识别、工业机器人、服务机器人、无人驾驶逐步进入实际应用，人工智能创新创业日益活跃，一批龙头骨干企业加速成长，在国际上获得广泛关注和认可。加速积累的技术能力与海量的数据资源、巨大的应用需求、开放的市场环境有机结合，形成了我国人工智能发展的独特优势。

同时，也要清醒地看到，我国人工智能整体发展水平与发达国家相比仍存在差距，缺少重大原创成果，在基础理论、核心算法以及关键设备、高端芯片、重大产品与系统、基础材料、元器件、软件与接口等方面差距较大；科研机构和企业尚未形成具有国际影响力的生态圈和产业链，缺乏系统的超前研发布局；人工智能尖端人才远远不能满足需求；适应人工智能发展的基础设施、政策法规、标准体系亟待完善。

面对新形势新需求，必须主动求变应变，牢牢把握人工智能发展的重大历史机遇，紧扣发展、研判大势、主动谋划、把握方向、抢占先机，引领世界人工智能发展新潮流，服务经济社会发展和支撑国家安全，带动国家竞争力整体跃升和跨越式发展。

二、总体要求

（一）指导思想

全面贯彻党的十八大和十八届三中、四中、五中、六中全会精神，深入学习贯彻习近平总书记系列重要讲话精神和治国理政新理念新思想新战略，按照"五位一体"总体布局和"四个全面"战略布局，认真落实党中央、国务院决策部署，深入实施创新驱动发展战略，以加快人工智能与经济、社会、国防深度融合为主线，以提升新一代人工智能科技创新能力为主攻方向，发展智能经济，建设智能社会，维护国家安全，构筑知识群、技术群、产业群互动融合和人才、制度、文化相互支撑的生态系统，前瞻应对风险挑战，推动以人类可持续发展为中心的智能化，全面提升社会生产力、综合国力和国家竞争力，为加快建设创新型国家和世界科技强国、实现"两个一百年"奋斗目标和中华民族伟大复兴中国梦提供强大支撑。

（二）基本原则

科技引领。把握世界人工智能发展趋势，突出研发部署前瞻性，在重点前沿领域探索布局、长期支持，力争在理论、方法、工具、系统等方面取得变革性、颠覆性突破，全面增强人工智能原始创新能力，加速构筑先发优势，实现高端引领发展。

系统布局。根据基础研究、技术研发、产业发展和行业应用的不同特点，制定有针对性的系统发展策略。充分发挥社会主义制度集中力量办大事的优势，推进项目、基地、人才统筹布局，已部署的重大项目与新任务有机衔接，当前急需与长远发展梯次接续，创新能力建设、体制机制改革和政策环境营造协同发力。

市场主导。遵循市场规律，坚持应用导向，突出企业在技术路线选择和行业产品标准制定中的主体作用，加快人工智能科技成果商业化应用，形成竞争优势。把握好政府和市场分工，更好发挥政府在规划引导、政策支持、安全防范、市场监管、环境营造、伦理法规制定等方面的重要作用。

开源开放。倡导开源共享理念，促进产学研用各创新主体共创共享。遵循经济建设和国防建设协调发展规律，促进军民科技成果双向转化应用、军民创新资源共建共享，形成全要素、多领域、高效益的军民深度融合发展新格局。积极参与人工智能全球研发和治理，在全球范围内优化配置创新资源。

（三）战略目标

分三步走：

第一步，到2020年人工智能总体技术和应用与世界先进水平同步，人工智能产业成为新的重要经济增长点，人工智能技术应用成为改善民生的新途径，有力支撑进入创新型国家行列和实现全面建成小康社会的奋斗目标。

——新一代人工智能理论和技术取得重要进展。大数据智能、跨媒体智能、群体智能、混合增强智能、自主智能系统等基础理论和核心技术实现重要进展，人工智能模型方法、核心器件、高端设备和基础软件等方面取得标志性成果。

——人工智能产业竞争力进入国际第一方阵。初步建成人工智能技术标准、服务体系和产业生态链，培育若干全球领先的人工智能骨干企业，人工智能核心产业规模超过 1500 亿元，带动相关产业规模超过 1 万亿元。

——人工智能发展环境进一步优化，在重点领域全面展开创新应用，聚集起一批高水平的人才队伍和创新团队，部分领域的人工智能伦理规范和政策法规初步建立。

第二步，到 2025 年人工智能基础理论实现重大突破，部分技术与应用达到世界领先水平，人工智能成为带动我国产业升级和经济转型的主要动力，智能社会建设取得积极进展。

——新一代人工智能理论与技术体系初步建立，具有自主学习能力的人工智能取得突破，在多领域取得引领性研究成果。

——人工智能产业进入全球价值链高端。新一代人工智能在智能制造、智能医疗、智慧城市、智能农业、国防建设等领域得到广泛应用，人工智能核心产业规模超过 4000 亿元，带动相关产业规模超过 5 万亿元。

——初步建立人工智能法律法规、伦理规范和政策体系，形成人工智能安全评估和管控能力。

第三步，到 2030 年人工智能理论、技术与应用总体达到世界领先水平，成为世界主要人工智能创新中心，智能经济、智能社会取得明显成效，为跻身创新型国家前列和经济强国奠定重要基础。

——形成较为成熟的新一代人工智能理论与技术体系。在类脑智能、自主智能、混合智能和群体智能等领域取得重大突破，在国际人工智能研究领域具有重要影响，占据人工智能科技制高点。

——人工智能产业竞争力达到国际领先水平。人工智能在生产生活、社会治理、国防建设等方面应用的广度深度极大拓展，形成涵盖核心技术、关键系统、支撑平台和智能应用的完备产业链和高端产业群，人工智能核心产业规模超过1万亿元，带动相关产业规模超过10万亿元。

——形成一批全球领先的人工智能科技创新和人才培养基地，建成更加完善的人工智能法律法规、伦理规范和政策体系。

（四）总体部署

发展人工智能是一项事关全局的复杂系统工程，要按照"构建一个体系、把握双重属性、坚持三位一体、强化四大支撑"进行布局，形成人工智能健康持续发展的战略路径。

构建开放协同的人工智能科技创新体系。针对原创性理论基础薄弱、重大产品和系统缺失等重点难点问题，建立新一代人工智能基础理论和关键共性技术体系，布局建设重大科技创新基地，壮大人工智能高端人才队伍，促进创新主体协同互动，形成人工智能持续创新能力。

把握人工智能技术属性和社会属性高度融合的特征。既要加大人工智能研发和应用力度，最大程度发挥人工智能潜力；又要预判人工智能的挑战，协调产业政策、创新政策与社会政策，实现激励发展与合理规制的协调，最大限度防范风险。

坚持人工智能研发攻关、产品应用和产业培育"三位一体"推进。适应人工智能发展特点和趋势，强化创新链和产业链深度融合、技术供给和市场需求互动演进，以技术突破推动领域应用和产业升级，以应用示范推动技术和系统优化。在当前大规模推动技术应用和产业发展的同时，加强面向中长期的研发布局和攻关，实现滚动发展和持续提升，确保理论上走在前面、技术上占领制高点、应用上安全可控。

全面支撑科技、经济、社会发展和国家安全。以人工智能技术突破带动国家创新能力全面提升，引领建设世界科技强国进程；通过壮大智能产业、培育智能经济，为我国未来十几年乃至几十年经济繁荣创造一个新的增长周期；以建设智能社会促进民生福祉改善，落实以人民为中心的发展思想；以人工智能提升国防实力，保障和维护国家安全。

三、重点任务

立足国家发展全局，准确把握全球人工智能发展态势，找准突破口和主攻方向，全面增强科技创新基础能力，全面拓展重点领域应用深度广度，全面提升经济社会发展和国防应用智能化水平。

（一）构建开放协同的人工智能科技创新体系

围绕增加人工智能创新的源头供给，从前沿基础理论、关键共性技术、基础平台、人才队伍等方面强化部署，促进开源共享，系统提升持续创新能力，确保我国人工智能科技水平跻身世界前列，为世界人工智能发展作出更多贡献。

1. 建立新一代人工智能基础理论体系

聚焦人工智能重大科学前沿问题，兼顾当前需求与长远发展，以突破人工智能应用基础理论瓶颈为重点，超前布局可能引发人工智能范式变革的基础研究，促进学科交叉融合，为人工智能持续发展与深度应用提供强大科学储备。

突破应用基础理论瓶颈。瞄准应用目标明确、有望引领人工智能技术升级的基础理论方向，加强大数据智能、跨媒体感知计算、人机混合智能、群体智能、自主协同与决策等基础理论研究。大数据智能理论重点突破无监督学习、综合深度推理等难点问题，建立数据驱动、以自然语言理解为核心的认知计算模型，形成从大数据到知识、从知识到决策的能力。跨媒体感知计算理论重点突破低成本低能耗智能感知、复杂场景主动感知、自然环境听觉与言语感知、多媒体自主学习等理论方法，实现超人感知和高动态、高维度、多模式分布式大场景感知。混合增强智能理论重点突破人机协同共融的情境理解与决策学习、直觉推理与因果模型、记忆与知识演化等理论，实现学习与思考接近或超过人类智能水平的混合增强智能。群体智能理论重点突破群体智能的组织、涌现、学习的理论与方法，建立可表达、可计算的群智激励算法和模型，形成基于互联网的群体智能理论体系。自主协同控制与优化决策理论重点突破面向自主无人系统的协同感知与交互、自主协同控制与优化决策、知识驱动的人机物三元协同与互操作等理论，形成自主智能无人系统创新性理论体系架构。

布局前沿基础理论研究。针对可能引发人工智能范式变革的方向，前瞻布局高级机器学习、类脑智能计算、量子智能计算等跨领域基础理论研究。高级机器学习理论重点突破自适应学习、自主学习等理论方法，实现具备高可解释性、强泛化能力的人工智能。类脑智能计算理论重点突破类脑的信息编码、处理、记忆、学习与推理理论，形成类脑复杂系统及类脑控制等理论与方法，建立大规模类脑智能计算的新模型和脑启发的认知计算模型。量子智能计算理论重点突破量子加速的机器学习方法，建立高性能计算与量子算法混合模型，形成高效精确自主的量子人工智能系统架构。

开展跨学科探索性研究。推动人工智能与神经科学、认知科学、量子科学、心理学、数学、经济学、社会学等相关基础学科的交叉融合，加强引领人工智能算法、模型发展的数学基础理论研究，重视人工智能法律伦理的基础理论问题研究，支持原创性强、非共识的探索性研究，鼓励科学家自由探索，勇于攻克人工智能前沿科学难题，提出更多原创理论，作出更多原创发现。

专栏 1　基础理论

1. 大数据智能理论。研究数据驱动与知识引导相结合的人工智能新方法、以自然语言理解和图像图形为核心的认知计算理论和方法、综合深度推理与创意人工智能理论与方法、非完全信息下智能决策基础理论与框架、数据驱动的通用人工智能数学模型与理论等。

2. 跨媒体感知计算理论。研究超越人类视觉能力的感知获取、面向真实世界的主动视觉感知及计算、自然声学场景的听知觉感知及计算、自然交互环境的言语感知及计算、面向异步序列的类人感知及计算、面向媒体智能感知的自主学习、城市全维度智能感知推理引擎。

3. 混合增强智能理论。研究"人在回路"的混合增强智能、人机智能共生的行为增强与脑机协同、机器直觉推理与因果模型、联想记忆模型与知识演化方法、复杂数据和任务的混合增强智能学习方法、云机器人协同计算方法、真实世界环境下的情境理解及人机群组协同。

专栏 1　基础理论

4. 群体智能理论。研究群体智能结构理论与组织方法、群体智能激励机制与涌现机理、群体智能学习理论与方法、群体智能通用计算范式与模型。

5. 自主协同控制与优化决策理论。研究面向自主无人系统的协同感知与交互，面向自主无人系统的协同控制与优化决策，知识驱动的人机物三元协同与互操作等理论。

6. 高级机器学习理论。研究统计学习基础理论、不确定性推理与决策、分布式学习与交互、隐私保护学习、小样本学习、深度强化学习、无监督学习、半监督学习、主动学习等学习理论和高效模型。

7. 类脑智能计算理论。研究类脑感知、类脑学习、类脑记忆机制与计算融合、类脑复杂系统、类脑控制等理论与方法。

8. 量子智能计算理论。探索脑认知的量子模式与内在机制，研究高效的量子智能模型和算法、高性能高比特的量子人工智能处理器、可与外界环境交互信息的实时量子人工智能系统等。

2.建立新一代人工智能关键共性技术体系

围绕提升我国人工智能国际竞争力的迫切需求，新一代人工智能关键共性技术的研发部署要以算法为核心，以数据和硬件为基础，以提升感知识别、知识计算、认知推理、运动执行、人机交互能力为重点，形成开放兼容、稳定成熟的技术体系。

知识计算引擎与知识服务技术。重点突破知识加工、深度搜索和可视交互核心技术，实现对知识持续增量的自动获取，具备概念识别、实体发现、属性预测、知识演化建模和关系挖掘能力，形成涵盖数十亿实体规模的多源、多学科和多数据类型的跨媒体知识图谱。

跨媒体分析推理技术。重点突破跨媒体统一表征、关联理解与知识挖掘、知识图谱构建与学习、知识演化与推理、智能描述与生成等技术，实现跨媒体知识表征、分析、挖掘、推理、演化和利用，构建分析推理引擎。

群体智能关键技术。重点突破基于互联网的大众化协同、大规模协作的知识资源管理与开放式共享等技术，建立群智知识表示框架，实现基于群智感知的知识获取和开放动态环境下的群智融合与增强，支撑覆盖全国的千万级规模群体感知、协同与演化。

混合增强智能新架构与新技术。重点突破人机协同的感知与执行一体化模型、智能计算前移的新型传感器件、通用混合计算架构等核心技术，构建自主适应环境的混合增强智能系统、人机群组混合增强智能系统及支撑环境。

自主无人系统的智能技术。重点突破自主无人系统计算架构、复杂动态场景感知与理解、实时精准定位、面向复杂环境的适应性智能导航等共性技术，无人机自主控制以及汽车、船舶和轨道交通自动驾驶等智能技术，服务机器人、特种机器人等核心技术，支撑无人系统应用和产业发展。

虚拟现实智能建模技术。重点突破虚拟对象智能行为建模技术，提升虚拟现实中智能对象行为的社会性、多样性和交互逼真性，实现虚拟现实、增强现实等技术与人工智能的有机结合和高效互动。

智能计算芯片与系统。重点突破高能效、可重构类脑计算芯片和具有计算成像功能的类脑视觉传感器技术，研发具有自主学习能力的高效能类脑神经网络架构和硬件系统，实现具有多媒体感知信息理解和智能增长、常识推理能力的类脑智能系统。

自然语言处理技术。重点突破自然语言的语法逻辑、字符概念表征和深度语义分析的核心技术，推进人类与机器的有效沟通和自由交互，实现多风格多语言多领域的自然语言智能理解和自动生成。

专栏2　关键共性技术

1. 知识计算引擎与知识服务技术。研究知识计算和可视交互引擎，研究创新设计、数字创意和以可视媒体为核心的商业智能等知识服务技术，开展大规模生物数据的知识发现。

2. 跨媒体分析推理技术。研究跨媒体统一表征、关联理解与知识挖掘、知识图谱构建与学习、知识演化与推理、智能描述与生成等技术，开发跨媒体分析推理引擎与验证系统。

3. 群体智能关键技术。开展群体智能的主动感知与发现、知识获取与生成、协同与共享、评估与演化、人机整合与增强、自我维持与安全交互等关键技术研究，构建群智空间的服务体系结构，研究移动群体智能的协同决策与控制技术。

4. 混合增强智能新架构和新技术。研究混合增强智能核心技术、认知计算框架，新型混合计算架构，人机共驾、在线智能学习技术，平行管理与控制的混合增强智能框架。

5. 自主无人系统的智能技术。研究无人机自主控制和汽车、船舶、轨道交通自动驾驶等智能技术，服务机器人、空间机器人、海洋机器人、极地机器人技术，无人车间／智能工厂智能技术，高端智能控制技术和自主无人操作系统。研究复杂环境下基于计算机视觉的定位、导航、识别等机器人及机械手臂自主控制技术。

6. 虚拟现实智能建模技术。研究虚拟对象智能行为的数学表达与建模方法，虚拟对象与虚拟环境和用户之间进行自然、持续、深入交互等问题，智能对象建模的技术与方法体系。

7. 智能计算芯片与系统。研发神经网络处理器以及高能效、可重构类脑计算芯片等，新型感知芯片与系统、智能计算体系结构与系统，人工智能操作系统。研究适合人工智能的混合计算架构等。

8. 自然语言处理技术。研究短文本的计算与分析技术，跨语言文本挖掘技术和面向机器认知智能的语义理解技术，多媒体信息理解的人机对话系统。

3. 统筹布局人工智能创新平台

建设布局人工智能创新平台，强化对人工智能研发应用的基础支撑。人工智能开源软硬件基础平台重点建设支持知识推理、概率统计、深度学习等人工智能范式的统一计算框架平台，形成促进人工智能软件、硬件和智能云之间相互协同的生态链。群体智能服务平台重点建设基于互联网大规模协作的知识资源管理与开放式共享工具，形成面向产学研用创新环节的群智众创平台和服务环境。混合增强智能支撑平台重点建设支持大规模训练的异构实时计算引擎和新型计算集群，为复杂智能计算提供服务化、系统化平台和解决方案。自主无人系统支撑平台重点建设面向自主无人系统复杂环境下环境感知、自主协同控制、智能决策等人工智能共性核心技术的支撑系统，形成开放式、模块化、可重构的自主无人系统开发与试验环境。人工智能基础数据与安全检测平台重点建设面向人工智能的公共数据资源库、标准测试数据集、云服务平台等，形成人工智能算法与平台安全性测试评估的方法、技术、规范和工具集。促进各类通用软件和技术平台的开源开放。各类平台要按照军民深度融合的要求和相关规定，推进军民共享共用。

专栏3 基础支撑平台

1. 人工智能开源软硬件基础平台。建立大数据人工智能开源软件基础平台、终端与云端协同的人工智能云服务平台、新型多元智能传感器件与集成平台、基于人工智能硬件的新产品设计平台、未来网络中的大数据智能化服务平台等。
2. 群体智能服务平台。建立群智众创计算支撑平台、科技众创服务系统、群智软件开发与验证自动化系统、群智软件学习与创新系统、开放环境的群智决策系统、群智共享经济服务系统。
3. 混合增强智能支撑平台。建立人工智能超级计算中心、大规模超级智能计算支撑环境、在线智能教育平台、"人在回路"驾驶脑、产业发展复杂性分析与风险评估的智能平台、支撑核电安全运营的智能保障平台、人机共驾技术研发与测试平台等。
4. 自主无人系统支撑平台。建立自主无人系统共性核心技术支撑平台，无人机自主控制以及汽车、船舶和轨道交通自动驾驶支撑平台，服务机器人、空间机器人、海洋机器人、极地机器人支撑平台，智能工厂与智能控制装备技术支撑平台等。
5. 人工智能基础数据与安全检测平台。建设面向人工智能的公共数据资源库、标准测试数据集、云服务平台，建立人工智能算法与平台安全性测试模型及评估模型，研发人工智能算法与平台安全性测评工具集。

---

4. 加快培养聚集人工智能高端人才

把高端人才队伍建设作为人工智能发展的重中之重，坚持培养和引进相结合，完善人工智能教育体系，加强人才储备和梯队建设，特别是加快引进全球顶尖人才和青年人才，形成我国人工智能人才高地。

培育高水平人工智能创新人才和团队。支持和培养具有发展潜力的人工智能领军人才，加强人工智能基础研究、应用研究、运行维护等方面专业技术人才培养。重视复合型人才培养，重点培养贯通人工智能理论、方法、技术、产品与应用等的纵向复合型人才，以及掌握"人工智能+"经济、社会、管理、标准、法律等的横向复合型人才。通过重大研发任务和基地平台建设，汇聚人工智能高端人才，在若干人工智能重点领域形成一批高水平创新团队。鼓励和引导国内创新人才、团队加强与全球顶尖人工智能研究机构合作互动。

加大高端人工智能人才引进力度。开辟专门渠道，实行特殊政策，实现人工智能高端人才精准引进。重点引进神经认知、机器学习、自动驾驶、智能机器人等国际顶尖科学家和高水平创新团队。鼓励采取项目合作、技术咨询等方式柔性引进人工智能人才。统筹利用"千人计划"等现有人才计划，加强人工智能领域优秀人才特别是优秀青年人才引进工作。完善企业人力资本成本核算相关政策，激励企业、科研机构引进人工智能人才。

建设人工智能学科。完善人工智能领域学科布局，设立人工智能专业，推动人工智能领域一级学科建设，尽快在试点院校建立人工智能学院，增加人工智能相关学科方向的博士、硕士招生名额。鼓励高校在原有基础上拓宽人工智能专业教育内容，形成"人工智能+X"复合专业培养新模式，重视人工智能与数学、计算机科学、物理学、生物学、心理学、社会学、法学等学科专业教育的交叉融合。加强产学研合作，鼓励高校、科研院所与企业等机构合作开展人工智能学科建设。

（二）培育高端高效的智能经济

加快培育具有重大引领带动作用的人工智能产业，促进人工智能与各产业领域深度融合，形成数据驱动、人机协同、跨界融合、共创分享的智能经济形态。数据和知识成为经济增长的第一要素，人机协同成为主流生产和服务方式，跨界融合成为重要经济模式，共创分享成为经济生态基本特征，个性化需求与定制成为消费新潮流，生产率大幅提升，引领产业向价值链高端迈进，有力支撑实体经济发展，全面提升经济发展质量和效益。

1. 大力发展人工智能新兴产业

加快人工智能关键技术转化应用，促进技术集成与商业模式创新，推动重点领域智能产品创新，积极培育人工智能新兴业态，布局产业链高端，打造具有国际竞争力的人工智能产业集群。

智能软硬件。开发面向人工智能的操作系统、数据库、中间件、开发工具等关键基础软件，突破图形处理器等核心硬件，研究图像识别、语音识别、机器翻译、智能交互、知识处理、控制决策等智能系统解决方案，培育壮大面向人工智能应用的基础软硬件产业。

智能机器人。攻克智能机器人核心零部件、专用传感器，完善智能机器人硬件接口标准、软件接口协议标准以及安全使用标准。研制智能工业机器人、智能服务机器人，实现大规模应用并进入国际市场。研制和推广空间机器人、海洋机器人、极地机器人等特种智能机器人。建立智能机器人标准体系和安全规则。

智能运载工具。发展自动驾驶汽车和轨道交通系统，加强车载感知、自动驾驶、车联网、物联网等技术集成和配套，开发交通智能感知系统，形成我国自主的自动驾驶平台技术体系和产品总成能力，探索自动驾驶汽车共享模式。发展消费类和商用类无人机、无人船，建立试验鉴定、测试、竞技等专业化服务体系，完善空域、水域管理措施。

虚拟现实与增强现实。突破高性能软件建模、内容拍摄生成、增强现实与人机交互、集成环境与工具等关键技术，研制虚拟显示器件、光学器件、高性能真三维显示器、开发引擎等产品，建立虚拟现实与增强现实的技术、产品、服务标准和评价体系，推动重点行业融合应用。

智能终端。加快智能终端核心技术和产品研发，发展新一代智能手机、车载智能终端等移动智能终端产品和设备，鼓励开发智能手表、智能耳机、智能眼镜等可穿戴终端产品，拓展产品形态和应用服务。

物联网基础器件。发展支撑新一代物联网的高灵敏度、高可靠性智能传感器件和芯片，攻克射频识别、近距离机器通信等物联网核心技术和低功耗处理器等关键器件。

2.加快推进产业智能化升级

推动人工智能与各行业融合创新，在制造、农业、物流、金融、商务、家居等重点行业和领域开展人工智能应用试点示范，推动人工智能规模化应用，全面提升产业发展智能化水平。

智能制造。围绕制造强国重大需求，推进智能制造关键技术装备、核心支撑软件、工业互联网等系统集成应用，研发智能产品及智能互联产品、智能制造使能工具与系统、智能制造云服务平台，推广流程智能制造、离散智能制造、网络化协同制造、远程诊断与运维服务等新型制造模式，建立智能制造标准体系，推进制造全生命周期活动智能化。

智能农业。研制农业智能传感与控制系统、智能化农业装备、农机田间作业自主系统等。建立完善天空地一体化的智能农业信息遥感监测网络。建立典型农业大数据智能决策分析系统，开展智能农场、智能化植物工厂、智能牧场、智能渔场、智能果园、农产品加工智能车间、农产品绿色智能供应链等集成应用示范。

　　智能物流。加强智能化装卸搬运、分拣包装、加工配送等智能物流装备研发和推广应用，建设深度感知智能仓储系统，提升仓储运营管理水平和效率。完善智能物流公共信息平台和指挥系统、产品质量认证及追溯系统、智能配货调度体系等。

　　智能金融。建立金融大数据系统，提升金融多媒体数据处理与理解能力。创新智能金融产品和服务，发展金融新业态。鼓励金融行业应用智能客服、智能监控等技术和装备。建立金融风险智能预警与防控系统。

　　智能商务。鼓励跨媒体分析与推理、知识计算引擎与知识服务等新技术在商务领域应用，推广基于人工智能的新型商务服务与决策系统。建设涵盖地理位置、网络媒体和城市基础数据等跨媒体大数据平台，支撑企业开展智能商务。鼓励围绕个人需求、企业管理提供定制化商务智能决策服务。

　　智能家居。加强人工智能技术与家居建筑系统的融合应用，提升建筑设备及家居产品的智能化水平。研发适应不同应用场景的家庭互联互通协议、接口标准，提升家电、耐用品等家居产品感知和联通能力。支持智能家居企业创新服务模式，提供互联共享解决方案。

　　3.大力发展智能企业

　　大规模推动企业智能化升级。支持和引导企业在设计、生产、管理、物流和营销等核心业务环节应用人工智能新技术，构建新型企业组织结构和运营方式，形成制造与服务、金融智能化融合的业态模式，发展个性化定制，扩大智能产品供给。鼓励大型互联网企业建设云制造平台和服务平台，面向制造企业在线提供关键工业软件和模型库，开展制造能力外包服务，推动中小企业智能化发展。

推广应用智能工厂。加强智能工厂关键技术和体系方法的应用示范，重点推广生产线重构与动态智能调度、生产装备智能物联与云化数据采集、多维人机物协同与互操作等技术，鼓励和引导企业建设工厂大数据系统、网络化分布式生产设施等，实现生产设备网络化、生产数据可视化、生产过程透明化、生产现场无人化，提升工厂运营管理智能化水平。

加快培育人工智能产业领军企业。在无人机、语音识别、图像识别等优势领域加快打造人工智能全球领军企业和品牌。在智能机器人、智能汽车、可穿戴设备、虚拟现实等新兴领域加快培育一批龙头企业。支持人工智能企业加强专利布局，牵头或参与国际标准制定。推动国内优势企业、行业组织、科研机构、高校等联合组建中国人工智能产业技术创新联盟。支持龙头骨干企业构建开源硬件工厂、开源软件平台，形成集聚各类资源的创新生态，促进人工智能中小微企业发展和各领域应用。支持各类机构和平台面向人工智能企业提供专业化服务。

4. 打造人工智能创新高地

结合各地区基础和优势，按人工智能应用领域分门别类进行相关产业布局。鼓励地方围绕人工智能产业链和创新链，集聚高端要素、高端企业、高端人才，打造人工智能产业集群和创新高地。

开展人工智能创新应用试点示范。在人工智能基础较好、发展潜力较大的地区，组织开展国家人工智能创新试验，探索体制机制、政策法规、人才培育等方面的重大改革，推动人工智能成果转化、重大产品集成创新和示范应用，形成可复制、可推广的经验，引领带动智能经济和智能社会发展。

建设国家人工智能产业园。依托国家自主创新示范区和国家高新技术产业开发区等创新载体，加强科技、人才、金融、政策等要素的优化配置和组合，加快培育建设人工智能产业创新集群。

建设国家人工智能众创基地。依托从事人工智能研究的高校、科研院所集中地区，搭建人工智能领域专业化创新平台等新型创业服务机构，建设一批低成本、便利化、全要素、开放式的人工智能众创空间，完善孵化服务体系，推进人工智能科技成果转移转化，支持人工智能创新创业。

（三）建设安全便捷的智能社会

围绕提高人民生活水平和质量的目标，加快人工智能深度应用，形成无时不有、无处不在的智能化环境，全社会的智能化水平大幅提升。越来越多的简单性、重复性、危险性任务由人工智能完成，个体创造力得到极大发挥，形成更多高质量和高舒适度的就业岗位；精准化智能服务更加丰富多样，人们能够最大限度享受高质量服务和便捷生活；社会治理智能化水平大幅提升，社会运行更加安全高效。

1. 发展便捷高效的智能服务

围绕教育、医疗、养老等迫切民生需求，加快人工智能创新应用，为公众提供个性化、多元化、高品质服务。

智能教育。利用智能技术加快推动人才培养模式、教学方法改革，构建包含智能学习、交互式学习的新型教育体系。开展智能校园建设，推动人工智能在教学、管理、资源建设等全流程应用。开发立体综合教学场、基于大数据智能的在线学习教育平台。开发智能教育助理，建立智能、快速、全面的教育分析系统。建立以学习者为中心的教育环境，提供精准推送的教育服务，实现日常教育和终身教育定制化。

智能医疗。推广应用人工智能治疗新模式新手段，建立快速精准的智能医疗体系。探索智慧医院建设，开发人机协同的手术机器人、智能诊疗助手，研发柔性可穿戴、生物兼容的生理监测系统，研发人机协同临床智能诊疗方案，实现智能影像识别、病理分型和智能多学科会诊。基于人工智能开展大规模基因组识别、蛋白组学、代谢组学等研究和新药研发，推进医药监管智能化。加强流行病智能监测和防控。

智能健康和养老。加强群体智能健康管理，突破健康大数据分析、物联网等关键技术，研发健康管理可穿戴设备和家庭智能健康检测监测设备，推动健康管理实现从点状监测向连续监测、从短流程管理向长流程管理转变。建设智能养老社区和机构，构建安全便捷的智能化养老基础设施体系。加强老年人产品智能化和智能产品适老化，开发视听辅助设备、物理辅助设备等智能家居养老设备，拓展老年人活动空间。开发面向老年人的移动社交和服务平台、情感陪护助手，提升老年人生活质量。

2.推进社会治理智能化

围绕行政管理、司法管理、城市管理、环境保护等社会治理的热点难点问题，促进人工智能技术应用，推动社会治理现代化。

智能政务。开发适于政府服务与决策的人工智能平台，研制面向开放环境的决策引擎，在复杂社会问题研判、政策评估、风险预警、应急处置等重大战略决策方面推广应用。加强政务信息资源整合和公共需求精准预测，畅通政府与公众的交互渠道。

智慧法庭。建设集审判、人员、数据应用、司法公开和动态监控于一体的智慧法庭数据平台，促进人工智能在证据收集、案例分析、法律文件阅读与分析中的应用，实现法院审判体系和审判能力智能化。

智慧城市。构建城市智能化基础设施，发展智能建筑，推动地下管廊等市政基础设施智能化改造升级；建设城市大数据平台，构建多元异构数据融合的城市运行管理体系，实现对城市基础设施和城市绿地、湿地等重要生态要素的全面感知以及对城市复杂系统运行的深度认知；研发构建社区公共服务信息系统，促进社区服务系统与居民智能家庭系统协同；推进城市规划、建设、管理、运营全生命周期智能化。

智能交通。研究建立营运车辆自动驾驶与车路协同的技术体系。研发复杂场景下的多维交通信息综合大数据应用平台，实现智能化交通疏导和综合运行协调指挥，建成覆盖地面、轨道、低空和海上的智能交通监控、管理和服务系统。

智能环保。建立涵盖大气、水、土壤等环境领域的智能监控大数据平台体系，建成陆海统筹、天地一体、上下协同、信息共享的智能环境监测网络和服务平台。研发资源能源消耗、环境污染物排放智能预测模型方法和预警方案。加强京津冀、长江经济带等国家重大战略区域环境保护和突发环境事件智能防控体系建设。

3. 利用人工智能提升公共安全保障能力

促进人工智能在公共安全领域的深度应用，推动构建公共安全智能化监测预警与控制体系。围绕社会综合治理、新型犯罪侦查、反恐等迫切需求，研发集成多种探测传感技术、视频图像信息分析识别技术、生物特征识别技术的智能安防与警用产品，建立智能化监测平台。加强对重点公共区域安防设备的智能化改造升级，支持有条件的社区或城市开展基于人工智能的公共安防区域示范。强化人工智能对食品安全的保障，围绕食品分类、预警等级、食品安全隐患及评估等，建立智能化食品安全预警系统。加强人工智能对自然灾害的有效监测，围绕地震灾害、地质灾害、气象灾害、水旱灾害和海洋灾害等重大自然灾害，构建智能化监测预警与综合应对平台。

4. 促进社会交往共享互信

充分发挥人工智能技术在增强社会互动、促进可信交流中的作用。加强下一代社交网络研发，加快增强现实、虚拟现实等技术推广应用，促进虚拟环境和实体环境协同融合，满足个人感知、分析、判断与决策等实时信息需求，实现在工作、学习、生活、娱乐等不同场景下的流畅切换。针对改善人际沟通障碍的需求，开发具有情感交互功能、能准确理解人的需求的智能助理产品，实现情感交流和需求满足的良性循环。促进区块链技术与人工智能的融合，建立新型社会信用体系，最大限度降低人际交往成本和风险。

（四）加强人工智能领域军民融合

深入贯彻落实军民融合发展战略，推动形成全要素、多领域、高效益的人工智能军民融合格局。以军民共享共用为导向部署新一代人工智能基础理论和关键共性技术研发，建立科研院所、高校、企业和军工单位的常态化沟通协调机制。促进人工智能技术军民双向转化，强化新一代人工智能技术对指挥决策、军事推演、国防装备等的有力支撑，引导国防领域人工智能科技成果向民用领域转化应用。鼓励优势民口科研力量参与国防领域人工智能重大科技创新任务，推动各类人工智能技术快速嵌入国防创新领域。加强军民人工智能技术通用标准体系建设，推进科技创新平台基地的统筹布局和开放共享。

（五）构建泛在安全高效的智能化基础设施体系

大力推动智能化信息基础设施建设，提升传统基础设施的智能化水平，形成适应智能经济、智能社会和国防建设需要的基础设施体系。加快推动以信息传输为核心的数字化、网络化信息基础设施，向集融合感知、传输、存储、计算、处理于一体的智能化信息基础设施转变。优化升级网络基础设施，研发布局第五代移动通信（5G）系统，完善物联网基础设施，加快天地一体化信息网络建设，提高低时延、高通量的传输能力。统筹利用大数据基础设施，强化数据安全与隐私保护，为人工智能研发和广泛应用提供海量数据支撑。建设高效能计算基础设施，提升超级计算中心对人工智能应用的服务支撑能力。建设分布式高效能源互联网，形成支撑多能源协调互补、及时有效接入的新型能源网络，推广智能储能设施、智能用电设施，实现能源供需信息的实时匹配和智能化响应。

专栏4　智能化基础设施

1.网络基础设施。加快布局实时协同人工智能的5G增强技术研发及应用，建设面向空间协同人工智能的高精度导航定位网络，加强智能感知物联网核心技术攻关和关键设施建设，发展支撑智能化的工业互联网、面向无人驾驶的车联网等，研究智能化网络安全架构。加快建设天地一体化信息网络，推进天基信息网、未来互联网、移动通信网的全面融合。

2.大数据基础设施。依托国家数据共享交换平台、数据开放平台等公共基础设施，建设政府治理、公共服务、产业发展、技术研发等领域大数据基础信息数据库，支撑开展国家治理大数据应用。整合社会各类数据平台和数据中心资源，形成覆盖全国、布局合理、链接畅通的一体化服务能力。

3.高效能计算基础设施。继续加强超级计算基础设施、分布式计算基础设施和云计算中心建设，构建可持续发展的高性能计算应用生态环境。推进下一代超级计算机研发应用。

（六）前瞻布局新一代人工智能重大科技项目

针对我国人工智能发展的迫切需求和薄弱环节，设立新一代人工智能重大科技项目。加强整体统筹，明确任务边界和研发重点，形成以新一代人工智能重大科技项目为核心、现有研发布局为支撑的"1+N"人工智能项目群。

"1"是指新一代人工智能重大科技项目，聚焦基础理论和关键共性技术的前瞻布局，包括研究大数据智能、跨媒体感知计算、混合增强智能、群体智能、自主协同控制与决策等理论，研究知识计算引擎与知识服务技术、跨媒体分析推理技术、群体智能关键技术、混合增强智能新架构与新技术、自主无人控制技术等，开源共享人工智能基础理论和共性技术。持续开展人工智能发展的预测和研判，加强人工智能对经济社会综合影响及对策研究。

"N"是指国家相关规划计划中部署的人工智能研发项目，重点是加强与新一代人工智能重大科技项目的衔接，协同推进人工智能的理论研究、技术突破和产品研发应用。加强与国家科技重大专项的衔接，在"核高基"（核心电子器件、高端通用芯片、基础软件）、集成电路装备等国家科技重大专项中支持人工智能软硬件发展。加强与其他"科技创新2030—重大项目"的相互支撑，加快脑科学与类脑计算、量子信息与量子计算、智能制造与机器人、大数据等研究，为人工智能重大技术突破提供支撑。国家重点研发计划继续推进高性能计算等重点专项实施，加大对人工智能相关技术研发和应用的支持；国家自然科学基金加强对人工智能前沿领域交叉学科研究和自由探索的支持。在深海空间站、健康保障等重大项目，以及智慧城市、智能农机装备等国家重点研发计划重点专项部署中，加强人工智能技术的应用示范。其他各类科技计划支持的人工智能相关基础理论和共性技术研究成果应开放共享。

创新新一代人工智能重大科技项目组织实施模式，坚持集中力量办大事、重点突破的原则，充分发挥市场机制作用，调动部门、地方、企业和社会各方面力量共同推进实施。明确管理责任，定期开展评估，加强动态调整，提高管理效率。

四、资源配置

充分利用已有资金、基地等存量资源，统筹配置国际国内创新资源，发挥好财政投入、政策激励的引导作用和市场配置资源的主导作用，撬动企业、社会加大投入，形成财政资金、金融资本、社会资本多方支持的新格局。

（一）建立财政引导、市场主导的资金支持机制

统筹政府和市场多渠道资金投入，加大财政资金支持力度，盘活现有资源，对人工智能基础前沿研究、关键共性技术攻关、成果转移转化、基地平台建设、创新应用示范等提供支持。利用现有政府投资基金支持符合条件的人工智能项目，鼓励龙头骨干企业、产业创新联盟牵头成立市场化的人工智能发展基金。利用天使投资、风险投资、创业投资基金及资本市场融资等多种渠道，引导社会资本支持人工智能发展。积极运用政府和社会资本合作等模式，引导社会资本参与人工智能重大项目实施和科技成果转化应用。

（二）优化布局建设人工智能创新基地

按照国家级科技创新基地布局和框架，统筹推进人工智能领域建设若干国际领先的创新基地。引导现有与人工智能相关的国家重点实验室、企业国家重点实验室、国家工程实验室等基地，聚焦新一代人工智能的前沿方向开展研究。按规定程序，以企业为主体、产学研合作组建人工智能领域的相关技术和产业创新基地，发挥龙头骨干企业技术创新示范带动作用。发展人工智能领域的专业化众创空间，促进最新技术成果和资源、服务的精准对接。充分发挥各类创新基地聚集人才、资金等创新资源的作用，突破人工智能基础前沿理论和关键共性技术，开展应用示范。

（三）统筹国际国内创新资源

支持国内人工智能企业与国际人工智能领先高校、科研院所、团队合作。鼓励国内人工智能企业"走出去"，为有实力的人工智能企业开展海外并购、股权投资、创业投资和建立海外研发中心等提供便利和服务。鼓励国外人工智能企业、科研机构在华设立研发中心。依托"一带一路"战略，推动建设人工智能国际科技合作基地、联合研究中心等，加快人工智能技术在"一带一路"沿线国家推广应用。推动成立人工智能国际组织，共同制定相关国际标准。支持相关行业协会、联盟及服务机构搭建面向人工智能企业的全球化服务平台。

五、保障措施

围绕推动我国人工智能健康快速发展的现实要求，妥善应对人工智能可能带来的挑战，形成适应人工智能发展的制度安排，构建开放包容的国际化环境，夯实人工智能发展的社会基础。

（一）制定促进人工智能发展的法律法规和伦理规范

加强人工智能相关法律、伦理和社会问题研究，建立保障人工智能健康发展的法律法规和伦理道德框架。开展与人工智能应用相关的民事与刑事责任确认、隐私和产权保护、信息安全利用等法律问题研究，建立追溯和问责制度，明确人工智能法律主体以及相关权利、义务和责任等。重点围绕自动驾驶、服务机器人等应用基础较好的细分领域，加快研究制定相关安全管理法规，为新技术的快速应用奠定法律基础。开展人工智能行为科学和伦理等问题研究，建立伦理道德多层次判断结构及人机协作的伦理框架。制定人工智能产品研发设计人员的道德规范和行为守则，加强对人工智能潜在危害与收益的评估，构建人工智能复杂场景下突发事件的解决方案。积极参与人工智能全球治理，加强机器人异化和安全监管等人工智能重大国际共性问题研究，深化在人工智能法律法规、国际规则等方面的国际合作，共同应对全球性挑战。

（二）完善支持人工智能发展的重点政策

落实对人工智能中小企业和初创企业的财税优惠政策，通过高新技术企业税收优惠和研发费用加计扣除等政策支持人工智能企业发展。完善落实数据开放与保护相关政策，开展公共数据开放利用改革试点，支持公众和企业充分挖掘公共数据的商业价值，促进人工智能应用创新。研究完善适应人工智能的教育、医疗、保险、社会救助等政策体系，有效应对人工智能带来的社会问题。

（三）建立人工智能技术标准和知识产权体系

加强人工智能标准框架体系研究。坚持安全性、可用性、互操作性、可追溯性原则，逐步建立并完善人工智能基础共性、互联互通、行业应用、网络安全、隐私保护等技术标准。加快推动无人驾驶、服务机器人等细分应用领域的行业协会和联盟制定相关标准。鼓励人工智能企业参与或主导制定国际标准，以技术标准"走出去"带动人工智能产品和服务在海外推广应用。加强人工智能领域的知识产权保护，健全人工智能领域技术创新、专利保护与标准化互动支撑机制，促进人工智能创新成果的知识产权化。建立人工智能公共专利池，促进人工智能新技术的利用与扩散。

（四）建立人工智能安全监管和评估体系

加强人工智能对国家安全和保密领域影响的研究与评估，完善人、技、物、管配套的安全防护体系，构建人工智能安全监测预警机制。加强对人工智能技术发展的预测、研判和跟踪研究，坚持问题导向，准确把握技术和产业发展趋势。增强风险意识，重视风险评估和防控，强化前瞻预防和约束引导，近期重点关注对就业的影响，远期重点考虑对社会伦理的影响，确保把人工智能发展规制在安全可控范围内。建立健全公开透明的人工智能监管体系，实行设计问责和应用监督并重的双层监管结构，实现对人工智能算法设计、产品开发和成果应用等的全流程监管。促进人工智能行业和企业自律，切实加强管理，加大对数据滥用、侵犯个人隐私、违背道德伦理等行为的惩戒力度。加强人工智能网络安全技术研发，强化人工智能产品和系统网络安全防护。构建动态的人工智能研发应用评估评价机制，围绕人工智能设计、产品和系统的复杂性、风险性、不确定性、可解释性、潜在经济影响等问题，开发系统性的测试方法和指标体系，建设跨领域的人工智能测试平台，推动人工智能安全认证，评估人工智能产品和系统的关键性能。

（五）大力加强人工智能劳动力培训

加快研究人工智能带来的就业结构、就业方式转变以及新型职业和工作岗位的技能需求，建立适应智能经济和智能社会需要的终身学习和就业培训体系，支持高等院校、职业学校和社会化培训机构等开展人工智能技能培训，大幅提升就业人员专业技能，满足我国人工智能发展带来的高技能高质量就业岗位需要。鼓励企业和各类机构为员工提供人工智能技能培训。加强职工再就业培训和指导，确保从事简单重复性工作的劳动力和因人工智能失业的人员顺利转岗。

（六）广泛开展人工智能科普活动

支持开展形式多样的人工智能科普活动，鼓励广大科技工作者投身人工智能的科普与推广，全面提高全社会对人工智能的整体认知和应用水平。实施全民智能教育项目，在中小学阶段设置人工智能相关课程，逐步推广编程教育，鼓励社会力量参与寓教于乐的编程教学软件、游戏的开发和推广。建设和完善人工智能科普基础设施，充分发挥各类人工智能创新基地平台等的科普作用，鼓励人工智能企业、科研机构搭建开源平台，面向公众开放人工智能研发平台、生产设施或展馆等。支持开展人工智能竞赛，鼓励进行形式多样的人工智能科普创作。鼓励科学家参与人工智能科普。

六、组织实施

新一代人工智能发展规划是关系全局和长远的前瞻谋划。必须加强组织领导，健全机制，瞄准目标，紧盯任务，以钉钉子的精神切实抓好落实，一张蓝图干到底。

（一）组织领导

按照党中央、国务院统一部署，由国家科技体制改革和创新体系建设领导小组牵头统筹协调，审议重大任务、重大政策、重大问题和重点工作安排，推动人工智能相关法律法规建设，指导、协调和督促有关部门做好规划任务的部署实施。依托国家科技计划（专项、基金等）管理部际联席会议，科技部会同有关部门负责推进新一代人工智能重大科技项目实施，加强与其他计划任务的衔接协调。成立人工智能规划推进办公室，办公室设在科技部，具体负责推进规划实施。成立人工智能战略咨询委员会，研究人工智能前瞻性、战略性重大问题，对人工智能重大决策提供咨询评估。推进人工智能智库建设，支持各类智库开展人工智能重大问题研究，为人工智能发展提供强大智力支持。

（二）保障落实

加强规划任务分解，明确责任单位和进度安排，制定年度和阶段性实施计划。建立年度评估、中期评估等规划实施情况的监测评估机制。适应人工智能快速发展的特点，根据任务进展情况、阶段目标完成情况、技术发展新动向等，加强对规划和项目的动态调整。

（三）试点示范

对人工智能重大任务和重点政策措施，要制定具体方案，开展试点示范。加强对各部门、各地方试点示范的统筹指导，及时总结推广可复制的经验和做法。通过试点先行、示范引领，推进人工智能健康有序发展。

（四）舆论引导

充分利用各种传统媒体和新兴媒体，及时宣传人工智能新进展、新成效，让人工智能健康发展成为全社会共识，调动全社会参与支持人工智能发展的积极性。及时做好舆论引导，更好应对人工智能发展可能带来的社会、伦理和法律等挑战。

来源：中华人民共和国中央人民政府门户网站 www.gov.cn

编辑后记

近年来，人工智能迅速发展，对人类社会带来深刻影响。为帮助读者更加深入地了解人工智能的发展历程、发展趋势和发展前景，更好地应对人工智能发展可能带来的社会、伦理和法律等挑战，我们选取《人民日报》《光明日报》《学习时报》等权威媒体的重要文章，从不同角度对人工智能进行详细阐述和解读。

成书过程中，为规范图书体例、格式，对部分文章进行了编辑修改，请作者谅解。同时，请因时间仓促未能联系到的部分作者及时来电来函，以便惠寄样书、稿酬。